太有意思了！

生活中的化学

微粒篇

高盈恺◎编著

航空工业出版社
北京

内容提要

本书是一套专门为小学生定制的趣味化学读物。全书共6册，内容涵盖化学中的微粒、元素、纯净物与混合物、化合物、酸和碱以及多种化学反应。作者结合生活实际，以故事的形式，将化学知识系统地融入日常生活场景中，用通俗易懂的语言分析生活中的化学现象。书中还配有大量充满童趣的漫画，能够为孩子的阅读带来更多的乐趣。

图书在版编目（CIP）数据

太有意思了！生活中的化学．微粒篇 / 高盈恺编著．-- 北京 : 航空工业出版社，2023.7

ISBN 978-7-5165-3375-8

Ⅰ．①太… Ⅱ．①高… Ⅲ．①化学－青少年读物 Ⅳ．① 06-49

中国国家版本馆 CIP 数据核字（2023）第 087896 号

太有意思了！生活中的化学・微粒篇

Tai Youyisi le!Shenghuozhong de Huaxue.Weili Pian

航空工业出版社出版发行

（北京市朝阳区京顺路 5 号曙光大厦 C 座四层　100028）

发行部电话：010-85672688　010-85672689

三河市越阳印务有限公司印刷　　全国各地新华书店经售

2023 年 7 月第 1 版　　2023 年 7 月第 1 次印刷

开本：787×1092　1/16　　字数：43 千字

印张：3.5　　定价：150.00 元（全 6 册）

Preface

前言

化学，对于还没有系统地学习过它的孩子来说，可能会感到很遥远、很陌生。可事实上，我们的生活中处处有化学的影子，很多孩子感兴趣却又无法理解的问题都能用化学的相关知识来解答。

迄今为止，人类已经发现的化学元素有 118 种。各种化学元素构成了地球上的万物。认识化学元素、了解它们的基本性质，是孩子学习化学的入口，也会让他们发现化学的奇妙，领略化学的魅力。

我们每天会接触到各种物质，有的是纯净物，有的是混合物，可要想把它们区分开来，却不是一件容易的事情。像纯净水、纯牛奶虽然带“纯”字，却不是纯净物；冰和水混合后，还是同一种物质，所以是纯净物；生铁与铁虽然只有一字之差，却并不是一回事。

苹果切开后为什么会变色？吃菠萝后舌头为什么又麻又痛？萤火虫为什么会发光？蜡烛燃烧为什么会冒黑烟？到了秋天树叶为什么会变色？“暖宝宝”为什么能够持续发热？……不知不觉中，化学反应正在悄然发生。

切洋葱为什么会流眼泪？食盐放久了为什么会“返潮”？馒头为什么越嚼越甜？不锈钢栏杆为什么会长出铁锈？银饰戴久了为什么颜色会变暗？……了解了化学背后的奥秘，孩子才会知道身边看似寻常的现象其实非常神奇和有趣。

这套书就像一位睿智、可爱的向导，带领孩子们从生活中常见的现象出发，学习有关元素、微粒、纯净物与混合物、酸和碱、化合物以及化学反应的知识和原理。

全书故事通俗易懂，漫画生动有趣，符合孩子的阅读习惯，一定会给他们带来妙趣横生的阅读体验，也会让他们对学习化学产生浓厚的兴趣，从而为未来的化学学习打下良好的基础。

Contents

目录

01

原子

02

分子

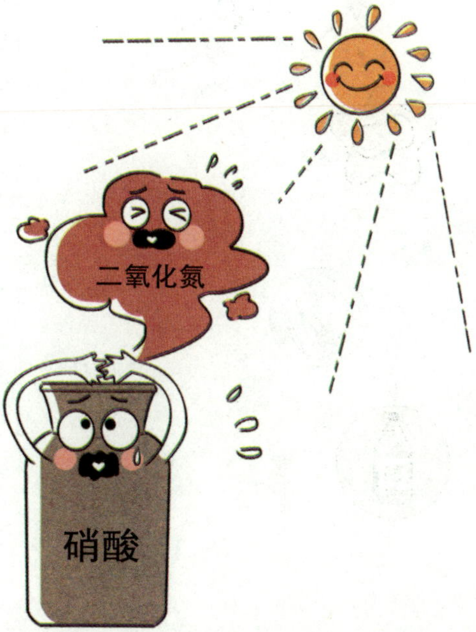

03

离子

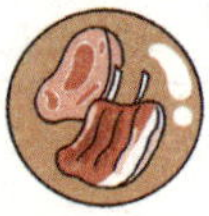

Part 1

第一部分

原子

1. 物质是由什么构成的

周末下午，小宁陪5岁的弟弟在家里玩积木。弟弟对积木非常感兴趣，一整个下午都不吵不闹，专心致志地搭着积木。终于，一幢漂亮的积木小房子在弟弟手里诞生了。弟弟兴奋地向小宁展示他的大作，小宁由衷地赞叹道："弟弟，你太厉害了！现在用积木搭小房子，以后就可以当一名建筑师，用砖头造大房子！"

听到小宁的表扬，弟弟更加来劲儿了，信誓旦旦地拍着胸脯说："我以后要用砖头搭出大房子，搭出大桥，还要搭出大熊猫，搭出天梯去找天上的奶奶！"

说者无意，听者有心，弟弟懵懂的童言童语却引起了小宁的兴趣。小宁心想，房子是砖头构建的，家里的沙发是皮革做的，我的书桌是木头做的，这么大的世界，这么多的物质，都是由什么"砖头"构成的呢？

带着这份好奇，小宁询问了当科学老师的妈妈。妈妈告诉他，别看各种物质千姿百态，其实，还真能像弟弟说的，用共同的"砖头"构建，这些"砖头"包括原子、分子和离子。

现在，就让我们从有趣的原子开始学习吧！

知识点

认识原子

原子，是保持物质化学性质的最小微粒，是化学变化中不可再分的最小微粒。原子由**原子核**和围绕原子核运动的**电子**组成，原子核又由**质子**和**中子**组成。

原子的质子数和中子数决定了原子的种类。我们把质子数相同的原子归为同一种**元素**，如氢元素就是原子核内只有一个质子的原子总称。质子数相同而中子数不同的同一元素的原子互称为**同位素**，如氢元素有三种同位素——氕（中子数为0）、氘（中子数为1）、氚（中子数为2）。

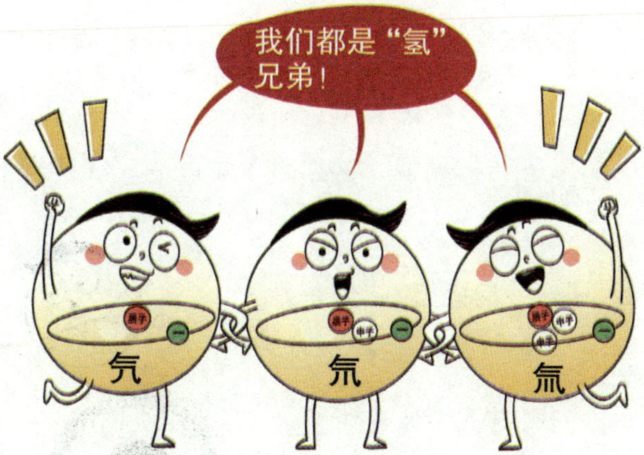

在生活中，由原子构成的物质包括金属单质如金、银、铜、铁，少数非金属单质如碳、硅，以及一些稀有气体。

延伸思考

原子结构的发现

原子很小，小到我们即使借助电子显微镜都看不到它。因此，我们对于原子结构的认识也经历了漫长而艰难的探索。

1803 年，英国科学家道尔顿率先提出了原子“实心球模型”，认为原子是像一颗玻璃弹珠那样实心的结构，不可再分。

然而，这一理论很快在 1897 年被英国科学家汤姆孙推翻。汤姆孙用阴极管发现了原子中存在一种带电粒子，即电子，证明原子是可以再分的。汤姆孙因此提出了“葡萄干面包模型”，认为电子就像葡萄干镶嵌在面包中一样镶嵌在原子中。

然而，汤姆孙的学生卢瑟福对此却产生了疑问，他用 α 粒子轰击原子，发现大部分粒子都能穿过原子，只有少部分粒子会被反射回来，因此他认为，原子大部分是空心的，“葡萄干面包模型”显然不成立。卢瑟福提出了自己的原子结构模型，认为原子中间有一个原子核，电子像行星围绕太阳一样围绕原子核运动，这就是“核式结构模型”。但是，这一模型在经典电磁理论的轰击下也被推翻了。

1913 年，丹麦科学家玻尔在卢瑟福的“核式结构模型”的基础上，提出了“玻尔原子模型”，1935 年，科学家又提出了“电子云模型”，这也说明人们对原子结构的认识正在逐渐清晰、准确。

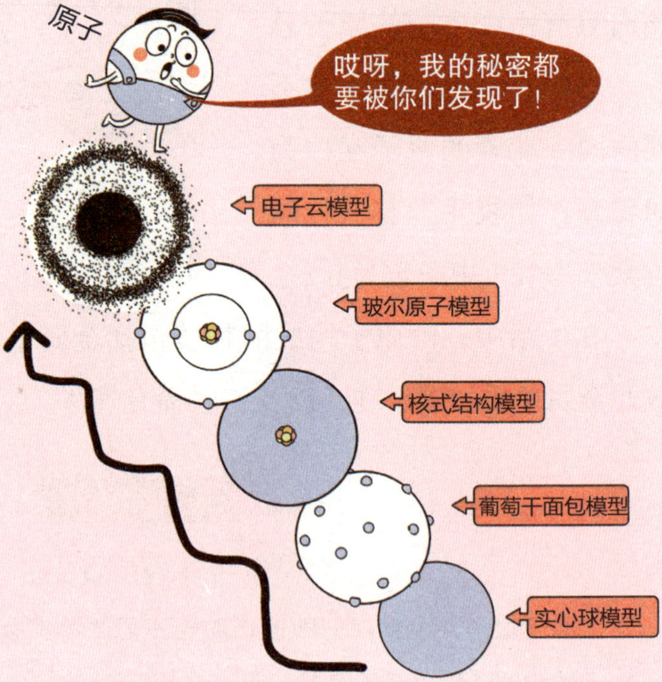

2. "点石成金"可能实现吗

丽丽帮妈妈整理房间时，发现爸爸妈妈的卧室里有一个抽屉上着锁。丽丽好奇地问："妈妈，这里面藏着什么宝贝呀，怎么还要上锁啊？"

妈妈掏出钥匙打开抽屉，露出里面的一些文件和一个个小匣子。丽丽随手拿起一个小匣子，打开一看，只见里面放着一条闪闪发亮的金色手链。丽丽忍不住惊叹："哇！真是太漂亮了！这是金子做的吗？妈妈，这些小盒子里都是金子吗？"

妈妈笑着说："差不多，这里面还有金戒指、金项链、金耳环，小小一克黄金，就值好几百元。这个抽屉算是咱家最值钱的抽屉了，可不得上一道锁吗？"

丽丽恍然大悟："怪不得从古到今，那么多人痴迷于炼金术。要是我能够拥有点石成金的超能力，肯定会成为世界首富！不过，这样异想天开的事情，大概没法实现吧？"

妈妈摸摸丽丽的头，说："那你就要好好了解一下构成黄金的金原子了，没准儿真能实现你的梦想呢！"

知识点

金原子

既然金子这么珍贵，那构成金子的金原子有什么特别之处呢？

金，元素符号是 Au。金元素在化学元素周期表中排第 79 号，金原子的原子核内有 79 个质子，原子核外有同等数量的电子。这意味着我们只要制造出含有 79 个质子的原子核，就能够“人造黄金”了！这看似容易，其实操作起来十分困难。美国科学家曾通过原子核对撞进行“人造黄金”，最后发现苛刻的实验条件使得所需的成本甚至比直接开采金矿更为昂贵。

此外，金原子还拥有 118 个中子。金原子的化学性质十分稳定，因此，在自然界中，金通常以单质的形式存在，极少发生化学反应，不像铁、铜等金属容易生锈。我们常说“真金不怕火炼”，说的就是金的这一特性。

不过，化学变化中最小的微粒是原子。一块石头主要含有的元素是碳、氧、钙等元素，这也就是说，石头中本身没有金原子，那么通过化学变化是不可能凭空出现金原子的。从这方面说，“点石成金”在化学变化的层面是无法实现的。

延伸思考

金的化学性质为什么这么稳定

“真金不怕火炼”，金的化学性质为什么能够这么稳定呢？想要揭秘金保持化学性质稳定的“法宝”，我们需要了解原子的核外电子的奥秘。

原来，原子的核外电子的排列也是分层的。我们可以用塑胶跑道来想象，中间的绿皮草坪是原子核，外面一圈圈的跑道就像电子层。越靠近原子核的电子层，能量就越低，电子就越稳定。最外层的电子能量最高，电子最不稳定。所以，原子是否容易得到或失去电子取决于最外层电子。

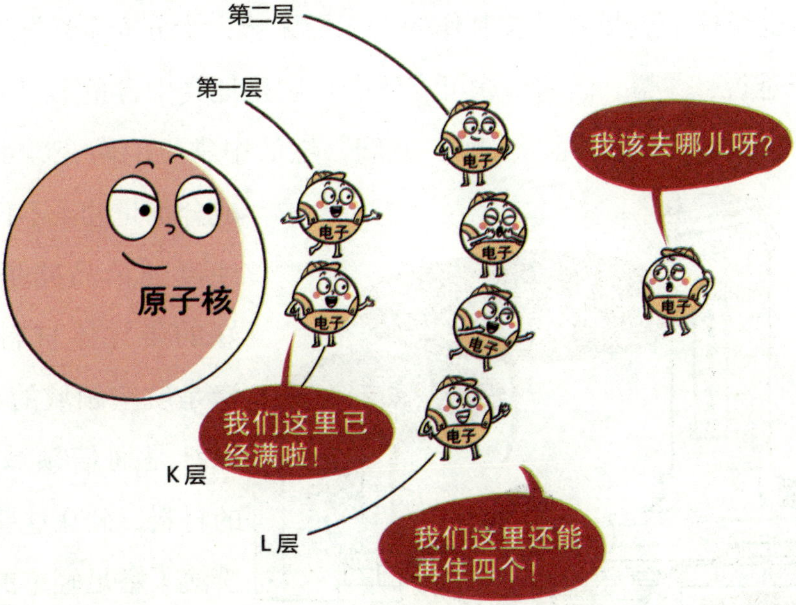

3. 材料领域的“多面手”

国庆期间，爸爸带小磊去天安门广场看升旗。升旗结束后，小磊看着天安门广场上的人民英雄纪念碑感慨道：“经历了这么多年风吹雨打，人民英雄纪念碑还是这么整洁、干净。”

爸爸说：“那多亏了它表面有机硅塑料的保护。”

小磊问道：“塑料我知道，但有机硅塑料是什么东西呢？”

爸爸说：“有机硅塑料呀，它是一种硅的有机化合物，是很好的防水材料！”

小磊抬了抬手腕，露出手表，说：“妈妈给我买这个手表时，售货员姐姐也说这个表带是硅胶制作的，无毒无味，十分安全！”

爸爸说：“嗯，硅的用途可广泛啦！它是地壳中含量第二多的元素，我们平时见到的砖、瓦、水泥、玻璃，生活中常见的陶瓷、水杯，主要成分都是硅。不仅如此，高纯度的单晶硅是电路中良好的半导体材料，金属陶瓷是航空领域的重要材料，光纤是通信领域不可或缺的材料，硅在这些材料中都扮演了举足轻重的角色。”

小磊震惊地赞叹：“硅可真是材料领域的‘多面手’啊！”

知识点

硅原子

硅，元素符号是 Si，在元素周期表中排行第 14。

硅原子内部的结构十分特别，它共有 14 个质子，14 个电子。硅原子的核外电子排布情况是：第一层 2 个电子，第二层 8 个电子，第三层即最外层 4 个电子。核外电子的这种排列方式使硅原子处于亚稳定结构，也赋予了硅原子一些特殊性质。

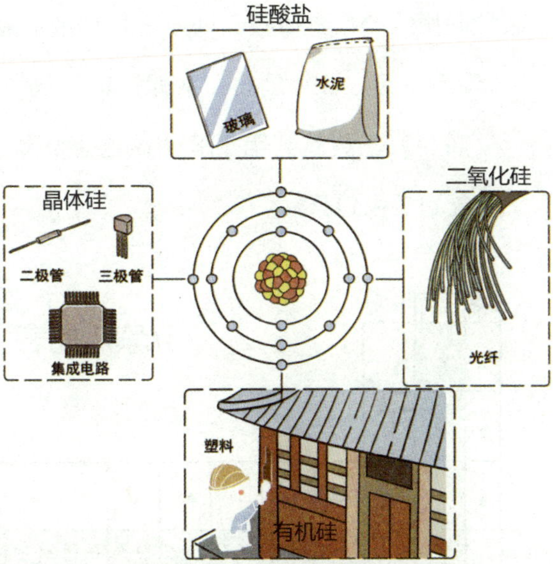

当硅原子与硅原子相互结合时，形成硅单质，**硅单质的化学性质十分稳定**，在常温下很难与其他物质发生反应，并且具有较高的熔点和密度。硅晶体中没有明显的可以自由移动的电子，因此硅晶体虽然能导电，但导电性能不及金属，属于常见的半导体材料。

延伸思考

元素周期表

像硅原子这样最外层有 4 个电子的原子，还有很多，如碳原子、锡原子、铅原子等，都是最外层有 4 个电子的原子。我们可以通过一张元素周期表准确地找到和硅原子具有相似结构的原子。事实上，很多原子都因为性质相近而能够进行统一的对比和研究。就如商场里琳琅满目的商品一样，元素的种类同样五花八门。在商场里，商家会把商品分门别类放在货架上，便于挑选，因此，科学家们也把元素分门别类地放在了一张表中，便于我们查找和学习，这张表就是元素周期表。

元素周期表共有 7 个横行，18 个纵列。每一个横行叫作一个周期，每一个纵行叫作一个族，其中，8、9、10 三个纵行共同组成一个族。元素周期表按照原子的核电荷数，即质子数递增的顺序排序，1 号是质子数即核电荷数为 1 的氢元素，2 号是质子数即核电荷数为 2 的氦元素……以此类推，现在，元素周期表已更新到第 118 个，这意味着人类已经发现了 118 种元素，并且还有无数的同位素。

元素周期表

周期 \ 族	IA 1	IIA 2	IIIB 3	IVB 4	VB 5	VIB 6	VIIB 7	VIII			IB	IIB	IIIA 3	IVA 4	VA 5	VIA 6	VIIA 7	0
1	1 H 氢																	2 He 氦
2	3 Li 锂	4 Be 铍											5 B 硼	6 C 碳	7 N 氮	8 O 氧	9 F 氟	10 Ne 氖
3	11 Na 钠	12 Mg 镁											13 Al 铝	14 Si 硅	15 P 磷	16 S 硫	17 Cl 氯	18 Ar 氩
4	19 K 钾	20 Ca 钙	21 Sc 钪	22 Ti 钛	23 V 钒	24 Cr 铬	25 Mn 锰	26 Fe 铁	27 Co 钴	28 Ni 镍	29 Cu 铜	30 Zn 锌	31 Ga 镓	32 Ge 锗	33 As 砷	34 Se 硒	35 Br 溴	36 Kr 氪
5	37 Rb 铷	38 Sr 锶	39 Y 钇	40 Zr 锆	41 Nb 铌	42 Mo 钼	43 Tc 锝	44 Ru 钌	45 Rh 铑	46 Pd 钯	47 Ag 银	48 Cd 镉	49 In 铟	50 Sn 锡	51 Sb 锑	52 Te 碲	53 I 碘	54 Xe 氙
6	55 Cs 铯	56 Ba 钡	57~71 La~Lu 镧系	72 Hf 铪	73 Ta 钽	74 W 钨	75 Re 铼	76 Os 锇	77 Ir 铱	78 Pt 铂	79 Au 金	80 Hg 汞	81 Tl 铊	82 Pb 铅	83 Bi 铋	84 Po 钋	85 At 砹	86 Rn 氡
7	87 Fr 钫	88 Ra 镭	89~103 Ac~Lr 锕系	104 Rf 𬬻*	105 Db 𬭊*	106 Sg 𬭳*	107 Bh 𬭛*	108 Hs 𬭶	109 Mt 鿏	110 Ds 𫟼	111 Rg 𬬭	112 Cn 鿔	113 Nh 鿭	114 Fl 𫓧	115 Mc 镆	116 Lv 𫟷	117 TS 鿬	118 Og 鿫

我在等更新哦！

4. 金块和铅块的"亲密接触"

婷婷是个性子风风火火、冒冒失失的小女孩，她的同桌蕾蕾却是个十分内向的小姑娘，平时总是安安静静的，很少说话。不过，成为同桌大半年后，两人的性子也悄悄发生了一些变化。婷婷变得文静了，有了些淑女的模样，蕾蕾则开朗了很多，会主动和人打招呼，向老师问问题了。

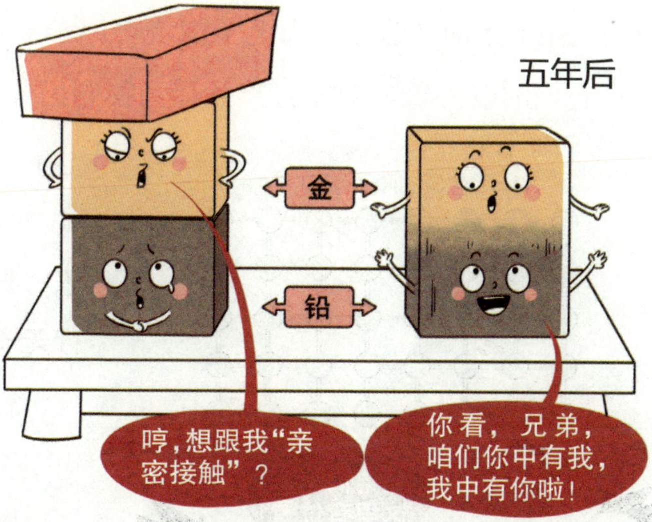

科学老师李老师对她们的变化很是欣慰，感叹道："你俩呀，就像是两块金属压在了一起，虽然变化慢一些，但还是会互相影响的！"

婷婷疑惑地问："李老师，我知道两种气体放在一起会互相扩散，两种液体混在一起也会互相扩散，两种固体也可以吗？"

李老师慈爱地笑笑，说："是啊，只是这个过程非常缓慢。比如我们让一块金块和一块铅块长期放置在一起'亲密接触'，过几年之后，它们的交界面就会金中有铅，铅中有金。"

婷婷半信半疑地点点头，心想：这是为什么呢？

知识点

原子在不断地运动

金块和铅块都是由原子构成的，它们的互相渗透，意味着这两种原子在不断地运动。这是因为电子围绕着原子核转动，当两个原子靠得太近时，它们的电子会同性相斥，产生斥力使它们分开，但当它们离得太远时，一个原子的质子又会吸引另一个原子的电子，使两个原子靠近。从宏观上来看，原子就是在进行无规则运动。

但是，构成固体的原子结构十分紧密且有序，但它们的无规则运动也不是那么“自由”的。金属原子只能在原地做微小的振动，不能到处游走。

那么，金块和铅块的相互渗透是怎么实现的呢？原来，虽然构成金属的原子结构十分紧密，但也免不了存在一些缺陷，比如一些应该被金属原子占据的地方出现了空位，这种空位就为周围其他原子的位移提供了条件，成为金属原子扩散的“神助攻”。

延伸思考

影响原子扩散的因素

影响原子扩散的主要因素有温度，温度越高，原子扩散的速度就越快。常温下被压在一起的铅块和金块需要好几年才能看到由于原子扩散导致它们互相渗透的现象，但如果升高温度，这个过程就会缩短。

金属的致密度也会影响原子的扩散速度，在致密度高的金属中，原子的扩散速度慢，在致密度低的金属中，原子扩散的速度快。此外，如果金属存在缺陷，原子也会更加容易扩散。

5. 夸克是最小的物质吗

自从涛涛在科学课上接触了原子的概念后，一直满怀好奇，小小的原子到底是什么模样呢？这不，他来到了科学老师周老师的办公室，恳请周老师带他看一看神奇的原子。

周老师听完涛涛的请求，略带歉意地笑了笑，说：“涛涛，你的这个愿望我满足不了，因为我们学校并不具备观察原子的设备。”

涛涛惊讶地问：“为什么呀？上节实验课我们就在实验室用光学显

微镜观察了细胞，那么小的细胞，通过显微镜看得要有多清晰就有多清晰。我记得您当时说隔壁实验室的电子显微镜能够放大更多的倍数，看到更微小的东西，难道它都不足以让我们观察到原子吗？”

周老师肯定道：“的确如此，如果我们用一个乒乓球来打比方，原子和乒乓球大小的差距就像乒乓球和地球的差距一样。即使是通过电子显微镜，我们也不可能观察到原子。”

涛涛在脑海里想了想地球和乒乓球的差距，喃喃道：“原子也太小了，可是它竟然还能分成质子、中子、电子，那电子一定是世界上最小的物质了！”

周老师说：“不，世界上还有比电子更小的物质，那就是夸克。”

涛涛惊讶极了：“那夸克是最小的物质吗？”

知识点

什么是“夸克”

夸克是一种基本粒子，是构成物质的基本单元，是人们目前认识的最小的物质。目前已知的夸克种类共有六种，分别是**上(u)、下(d)、奇(s)、粲(c)、底(b)及顶(t)**。其中，上夸克和下夸克最为稳定，在宇宙中也最为常见。

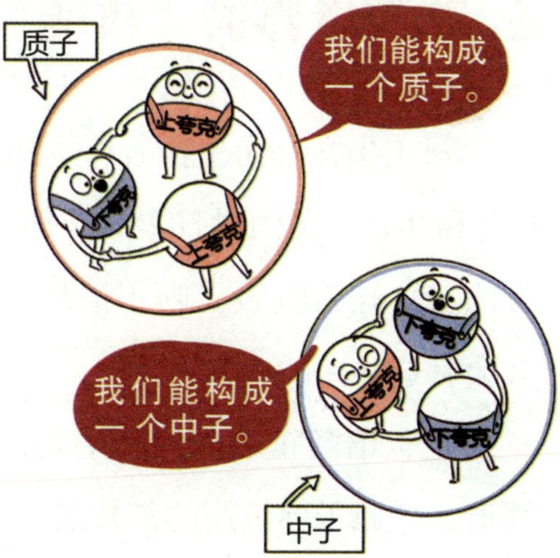

夸克相互结合，能够形成一种复合粒子，名为**“强子”**。构成原子核的质子和中子都属于强子，而且是强子中最稳定的粒子。质子由两个上夸克和一个下夸克构成，中子由两个下夸克和一个上夸克构成。

延伸思考

夸克禁闭

尽管科学界已经公认目前最小的物质是夸克，但你相信吗，科学家们并没有直接观测到夸克。这是因为夸克禁闭的存在。

夸克禁闭是一种物理现象，用于描述夸克不能单独存在的现象。夸克之间存在着强相互作用力，这种力随夸克之间距离的增加而增加，从而将夸克限制在一起。夸克禁闭现象的存在，使夸克不能被直接观测，也无法被分离出来，所以科学家们只能通过强子观测夸克。

6. 改变世界的"核能"

阿正坐在书房里捧着一本历史书看得津津有味。他看到 1945 年 8 月 6 日和 9 日，美国对日本的广岛、长崎各投放了一颗原子弹，造成无数生灵涂炭，建筑损毁。阿正愤怒地丢下书，说："太可怕了！原子弹为什么会有这样大的威力？"

爸爸给阿正端来一杯牛奶，刚走进书房，就听到阿正的疑问，顺口答道："原子弹应用的是核能，当然非同一般了！"

阿正忿忿不平地说："核能真不是个好东西！美国给日本投放的两颗原子弹，夺走了多少无辜的生命，要是核能没有被发现就好了！"

爸爸一听，严肃地对阿正说道："阿正，凡事都有两面性，核能虽然能够造成极大的破坏，但只要应用得当，依然能够造福于民。核能作为一种新兴能源，正在以它独特的优势改变世界，我们要做的不是阻止它的出现，而是好好学习如何更好地应用它。"

阿正听了，惭愧地点点头，说："爸爸，我知道了，是我太偏激了。我一定认真学习与核能有关的知识！"

那么，你们知道核能是什么吗？它为什么能拥有这么强大的能量？

知识点

原子能的应用

核能，也叫作原子能，是通过核反应从原子核中释放的能量。核反应主要有三种方式：**核裂变**，是指由较重的原子核分裂成两个或多个质量较轻的原子核，同时释放原子能的过程；**核聚变**，是指由两个轻的原子核聚合成一个较重的原子核，同时释放原子能的过程；**核衰变**，是指原子核自发射出某种粒子而变成另一种原子核，并释放能量的过程。

原子能应用的主要依据是爱因斯坦的质能公式：$E=mc^2$（E 表示能量，m 表示质量，c 表示光速）。这表明能量与质量之间是可以相互转换的，而且当质量转换成能量时，产生的能量是非常巨大的。这也正是为什么只需要少量的核物质，就能释放巨大的能量。上述故事中，美国向日本投放了两颗原子弹，但真正参与核裂变的物质只有 1 千克左右，却能够毁灭一座城市，原子能的威力可见一斑。

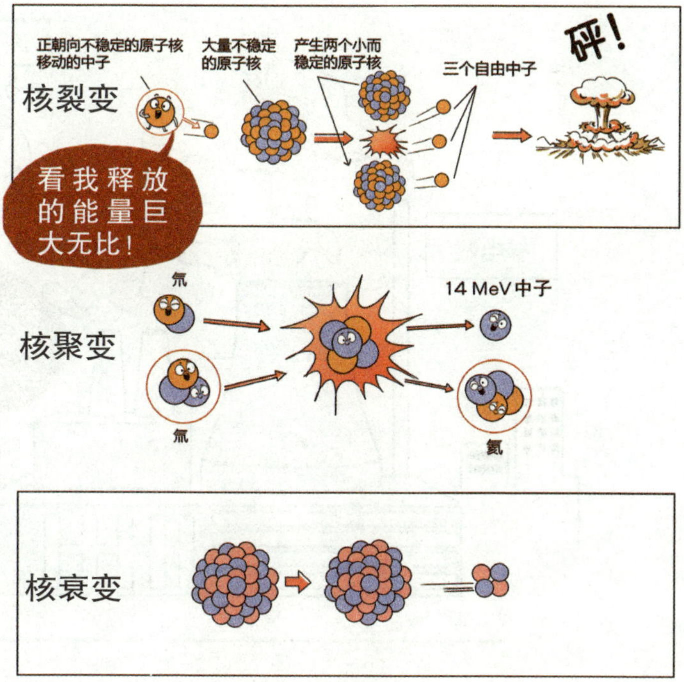

延伸思考

原子能应用的优点与缺点

原子能是一种清洁能源。

现在，原子能的应用主要体现在核电站利用核反应产生电力。核电厂主要通过核裂变发电，与传统的煤炭、石油等化石资源相比，核裂变不产生有害气体，不会造成二次污染，也不产生二氧化碳等温室气体，对于环境可以说是相当友好了。

但是，原子能的应用同样存在着缺点。核反应后会产生放射性废料，核废料的处理是目前困扰各国的难题。

Part 2

第二部分

分子

7. 酒精和清水的"游戏"

在上科学课前，课代表小琳兴冲冲地从走廊跑进教室，对大家说："好消息！杨老师说这节课要给我们变个魔术！"话音刚落，上课铃声就响起来了。大家都好奇地伸长了脖子，看着杨老师捧着两只大烧杯，烧杯里装着半杯无色透明，看起来一模一样的"水"走进教室。

杨老师笑着对大家说："同学们好，今天我来给大家变一个魔术。你们猜一猜，如果我把这两杯各 1 升的液体倒在一起会变成几升呀？"

"1+1 当然等于 2 啦！"小琳抢答道。

杨老师只笑了笑却没说话，只见她将两杯等高的"水"放在桌子上，然后将其中一杯缓缓地倒入另一杯中，同学们都目不转睛地盯着烧杯，可是没想到全部倒完，用玻璃棒搅拌均匀后，新液面竟然没有到达"2"的刻度。

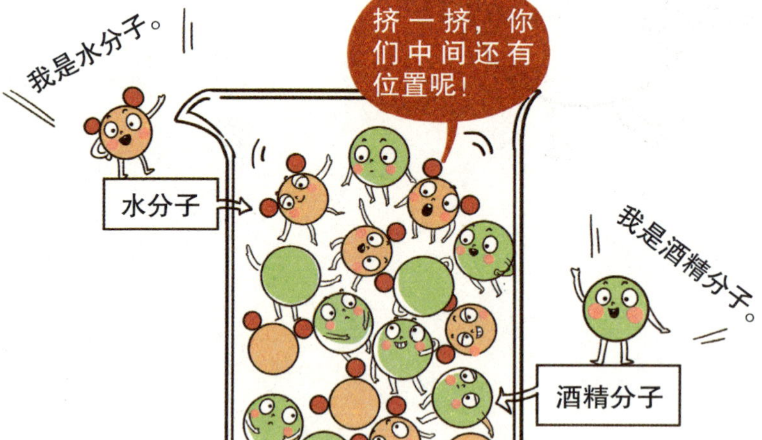

两杯"水"混合后的体积竟然小于它们原本的体积之和，这到底是为什么呀？同学们在惊讶之余百思不得其解。

这时，杨老师解释道："其实这

两杯液体，一杯是清水，一杯是酒精，组成水和酒精的分子之间各有空隙。当我们把这两杯液体混合时，就像是把一把小米放进黄豆中，小米钻进了黄豆之间的空隙中，所以它们总的体积就不是单纯的两者相加了。这就说明了：分子与分子之间有间隔，而正是因为这些间隔，给了另一种分子藏身之处，使得它们的总体积变小了。”

知识点

分子的间隔

生活中的许多物质都是由**分子**组成的，分子之间并非紧密无间，而是有一定间隙的。在酒精和水的“游戏”里，液态水由许许多多的水分子组成，酒精则由酒精分子组成。水和酒精混合后，由于酒精分子之间的间隙比较大，足以容纳水分子，所以当两者混合后，许多水分子“躲”在酒精分子与酒精分子之间的间隙中，混合后总体积就变小了。

生活中的物质之所以会有三种状态（固态、

液态、气态），是因为通常情况下，固体的分子间隙最小，它们只能在自己固定的位置做很小幅度的振动，所以固体有一定的形状和体积，并且不容易被压缩；液体的分子间隙排第二，所以液体有一定的体积，但没有固定的形状，具有流动性；气体的分子间隙最大，每一个分子几乎都可以自由运动，所以气体没有固定的形状，也最容易被压缩。

延伸思考

分子间的作用力

虽然气体分子中存在着间隙，如空气，很容易被压缩，但我们在给自行车轮胎打气时，打到最后会发现，轮胎变得很硬很鼓，气也很难再打进去了。由此可见，尽管气体被压缩了，却不是无限地被压缩，而液体和固体就更难被压缩了，这表明分子之间有一种互相排斥的力，这就是斥力。

液体虽然可以流动，但依然保持着一定的体积，这是因为构成液体的分子依然是“手拉手”地运动着。而固体结构紧致，一般难以改变其形态和体积，像在生活中我们很难拉断玻璃棒、木板等物品，这就说明分子之间还存

在着一种相互吸引的力，即为引力。

分子中的斥力和引力是同时存在的，它们的合力就是分子间的作用力。分子间的作用力和分子间的距离有关，距离越大，作用力就越小。当分子间的作用力非常微弱时，彼此不能相互影响，那就是“破镜不能重圆”了。

固态、液态、气态三态的存在，就是因为不同分子间的作用力大小不同，使得其间隙不同，所以呈现出不一样的状态。

8. 多少个水分子才算一滴水

暑假，小叶报名参加少年宫的北京夏令营，他在那几天逛了故宫、长城，这天准备去大名鼎鼎的奥林匹克公园、鸟巢与水立方参观。

远看水立方，只见那是一个立方体的大场馆，通体由块状的多边形气枕构成，宛如一个个晶莹剔透的“水泡泡”。走入场馆内，能看到开阔的观众席和蓝色的游泳池，阳光从顶部的玻璃中透过，洒在游泳池内随波荡漾。小叶对这精巧的设计叹为观止，并且在心里默默地感慨着。爱思考的她想到科学课上学到的：水是由水分子构成的，但生活中看到的水不是一粒一粒的，而是一个整体，有自

己的特性，就像单看气泡块，怎么也不能想到水立方整体的大气与美丽。她问带队的科学老师：“老师，这么多气泡才能建成水立方，那多少个水分子才能称得上是一滴水呢？”

老师惊讶于小叶的发散思维，耐心地回答：“一个水分子不等于一滴水，就像我们的夏令营需要一个最少的人数才能举行，一滴水至少要有 21 个水分子呢！”

知识点

水分子

水分子（H_2O）是构成水的最小单位，由两个氢原子和一个氧原子组成。就像一个碳原子不能成为晶莹剔透、坚硬无比的钻石，一个水分子也不能拥有水的那些特性，它“势单力薄”，并没有展示出“集体的力量”——水的**宏观特性**。

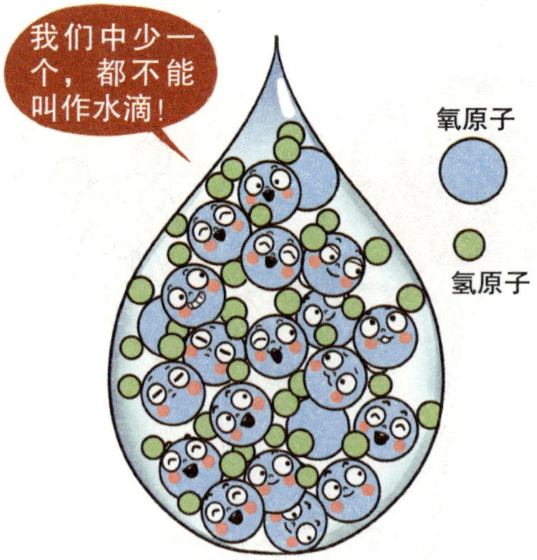

水是无色、无味、透明的液体，作为良好的溶剂，水可以溶解许多物质，因此自然界纯水较少。水的比热容大，具有调节温度的作用。同时，水为生命存在提供了基本条件，是组成人体和人体代谢的必需物质。

科学家用光谱学方法使水分子“发声”。最新的研究表明，**21 个水分子组成的分子团，与宏观的一滴水的光谱基本吻合**。也就是说，21

个水分子聚合在一起达到了“从量变到质变”“从微观到宏观”的变化过程，正式成为了一滴水，拥有了“水”这个宏观物质的特性，才可以正式被称作水。

延伸思考

液体的表面张力

为什么露珠是圆滚滚的？为什么盛满水的玻璃杯再滴入几滴水并不会溢出来，而是变成凸起的半球形？为什么吹出的泡泡也是圆的？

你有想过这些生活中常见情景背后的原因吗？答案正是因为液体表面有一个使其表面积缩小的力——液体的表面张力。液体与气体接触的表面有一个薄层，称为表面层，表面层里的分子距离比液体内部的分子距离大一些，就像被拉得更开的弹簧，需要表现出收缩的趋势。液体表面的分子有了这个趋势，就会尽可能地缩小液面，使得液体的表面获得最小的、最光滑的面积来保持稳定，这就是表面张力产生的原因。

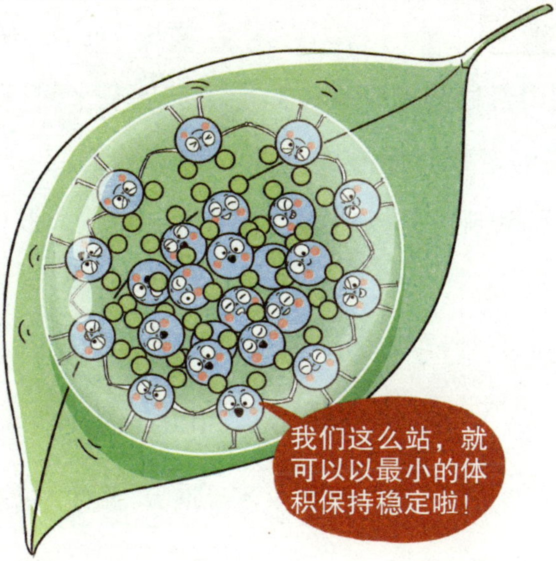

9. 不稳定的硝酸

中午，科学老师杨老师叫课代表小琳和她一起去实验室拿上课要用的教具，小琳进到实验室里看到玻璃柜里的瓶瓶罐罐十分好奇。这时，在一排透明溶液罐子中，一个棕色的瓶子把她吸引住了，“杨老师，这是什么？为什么装在棕色的瓶子里呀？”

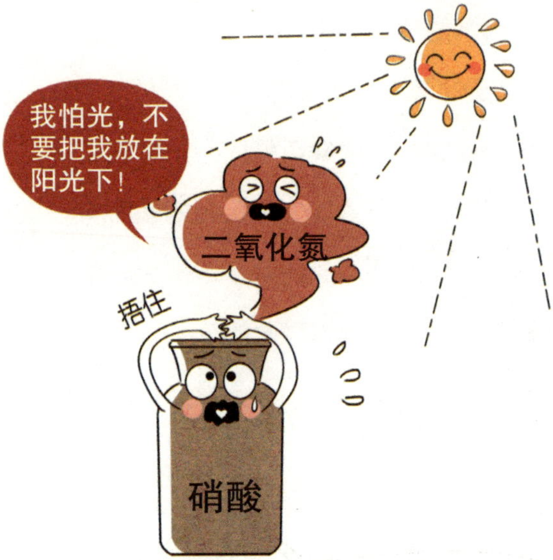

杨老师用钥匙打开玻璃柜门，取出棕色瓶子，将标签转向小琳，只见上面写着“68% 硝酸 HNO_3”。杨老师跟小琳解释道：“这是怕光、怕热的硝酸，因为它的化学性质非常不稳定，在光照下或受热时会分解成棕红色的二氧化氮气体，所以需要储存在黑暗低温的环境里。而且，硝酸有很强的腐蚀性，所以我们不能用普通的橡胶塞，只能用玻璃塞来封口。”

小琳听完杨老师对硝酸的介绍，歪着脑袋问：“硝酸真是神奇，它为什么会如此活泼呢？”杨老师神秘一笑，说：“那下节课好好听讲吧！”

知识点

硝酸分子的结构

硝酸（HNO_3）分子里含有一个氮原子、三个氧原子及一个氢原子，是由**硝酸根**（NO_3^-）加上一个氢原子组成的，硝酸根原本是一个对称、稳定的结构，但由于这个“外来客”氢原子的加入，“拉”住了其中一个氧原子的手，使得该氧原子离氮原子的距离变远，更容易断裂，导致脱氧，所以硝酸具有不稳定性；而硝酸里的氮原子正好失去了最外层的所有电子，所以也最容易得到电子，这就表现出了硝酸的强氧化性。

正是因为有着这样的结构，硝酸才“个性鲜明”：一，**具有挥发性**，浓度越高越容易挥发；二，**具有强氧化性**，可以和绝大多数的金属反应；三，**具有不稳定性**，遇光或者加热容易分解，生成二氧化氮、氧气和水等。

延伸思考

浓硝酸与稀硝酸

不同浓度的硝酸会拥有不同的特性，我们将浓度大于 70% 的硝酸称为浓硝酸。如果我们想要区分浓硝酸和稀硝酸，最简单直接的方法就是“看”，浓硝酸的挥发性比稀硝酸强，因此浓硝酸的瓶口会冒出由硝酸小液滴形成的白雾，浓度大于 98% 的硝酸被称为“发烟硝酸”，稀硝酸则不会有这个现象。

常温下，稀硝酸会与铁、铝持续发生反应，浓硝酸却可以用铁、铝制品储藏，因为它会与铁、铝发生反应，并在其表面产生致密的氧化膜，阻止它们进行进一步的反应，这是浓硝酸对金属的钝化。

不同浓度的硝酸由于氧化性的强弱不同，与铜反应的生成物也不同。浓硝酸与铜反应时，由于其强氧化性，反应剧烈，放出大量的棕红色二氧化氮气体。稀硝酸与铜反应时并不剧烈，放出的是无色的一氧化氮气体（密封装置中），在试管口接触空气才会继续氧化成二氧化氮。

另外，在稀释浓硝酸时，我们需要在通风橱下将它少量、缓慢地加入水中，并用玻璃棒不断搅拌使其冷却，这个过程不能反过来把水加入硝酸中，这是因为浓硝酸稀释时会大量放热，导致液体飞溅，灼伤操作者。硝酸是具有高腐蚀性的强酸，因此我们在实验中需要小心防范。

10. 你为什么不喜欢"吃苦"

这个中秋，晨晨的舅舅从国外留学回来和大家团聚。晨晨看到好久不见的舅舅非常开心，问他有没有什么新鲜事要分享。舅舅看着一脸期待的晨晨，神秘地从行李箱里拿出了一些包装精美的小盒子，说："我给大家带了些礼物。"

晨晨接过舅舅递过来的一个包装上满是英文的"小硬板"，仔细辨认后，终于看到一个熟悉的英语单词“Chocolate”，“谢谢舅舅，我最爱吃甜甜的巧克力啦！”晨晨迫不及待地拆开巧克力，掰开一块放入口中，“唉呀！怎么这么苦！”猝不及防的苦味卷席了晨晨的口腔，她的小脸也随即皱了起来。

另一边，见到此情景的舅舅一脸坏笑，他拿过晨晨手中那块巧克力，又换了另一块，笑着说：“这才是给你的牛奶巧克力，刚才那块是纯度比较高的黑巧克力。”

“为什么都是巧克力，黑巧克力这么苦呢？我可不喜欢吃苦东西。”晨晨挠挠脑袋，小声嘟囔着。

知识点

苦味分子

为什么黑巧克力是苦的？中药是苦的？黑咖啡是苦的？苦瓜也是苦的？为什么大部分的人不喜欢吃苦味的东西呢？

答案是，因为有**苦味分子**的存在，所以很多食物都是苦的。而大部分人不爱吃苦的东西，是因为苦味是自然界大部分动物判断食物有无毒性的依据，也会让人联想到不美好的事物，所以不爱吃苦的东西是人类的一种自我保护机制。

苦味的来源非常广泛，有来自植物的生物碱、糖苷类，比如生活中常见饮品里的茶碱、可可碱、咖啡碱；橘子皮中的糖苷类化合物；也有来自动物的胆汁；还有一些无机物苦味分子。食物中的苦味分子被味蕾上感知苦味的受体接收，再通过神经传导给大脑中枢，我们就能感知到苦味了。

苦味分子并不是我们想象中的一无是处，相反，它在我们的饮食中起到了难以替代的作用，人们通过改良的烹饪方式，使得越来越多的苦味在我们的餐桌上被呈现。除了可以丰富食品的风味，大部分苦味分子还具有药理作用，如兴奋中枢神经、增加骨骼肌紧张度等，而且在药用领域大放异彩。

延伸思考

甜味分子

相比苦味，甜味在生活中可以说是非常受欢迎的。

甜味分为天然甜味物质、非糖的天然化合物、天然物的衍生物还有人工合成化合物。天然甜味物质有糖类，比如蔗糖、葡萄糖、果糖、麦芽糖等，蔗糖广泛分布在水果、甜菜等植物中，并作为人类基本食品添加剂之一已经有几千年的历史。糖类还有木糖醇、甜菊苷这类甜度大、热量低，又不使人血糖升高的甜味物质，是糖尿病、肥胖症患者的理想甜味剂。

人之所以这么爱吃甜食，是因为甜味分子可以促进人体分泌多巴胺，给人们带来快乐，调节人们的情绪，同时作为人体的基本能量来源，使人体拥有充沛的体力。但如果大量食用甜食，会加重身体负担，使得肥胖、蛀牙、视力异常、长痘痘等问题接踵而至。所以甜味虽好，也不要贪食哦！

11.“高分子”到底是个啥

在学校上完科学课的小萌回家后，对生活中的一切物品全都“刮目相看”：原来所有的物体都是由一个一个的原子或者分子“搭”起来的。她理所当然地以为尺子是由“尺子分子”组成的，毛衣是由“毛衣分子”组成的，垃圾桶是由“桶分子”组成的……一时间，好像在小萌口中，家里的一切都成了一粒粒的分子。

爸爸摸摸小萌的脑袋，摇摇头说：“这可不是普通的一个个分子，你说的这些都是高分子材料。”

小萌疑惑不解：“高分子？高分子是什么呀？”

爸爸解释道：“高分子化合物也叫作聚合物，它的结构就像火车的一节节车厢一样，车厢越多，这班火车的长度就越长，很多很多的铁路线以线型或网状的形式展开，这样的一个大集合体和原子、分子那种单独的‘小汽车’‘自行车’可不一样！”

小萌脑海中立马浮想联翩，高分子物质到底长什么样呢？生活中哪里有它们的身影呢？

知识点

高分子材料及应用

高分子物质是相对分子质量高达 10000 以上的大分子化合物，它们的化学组成和结构都不复杂，是由一个个特定的结构单位重复连接而形成的。高分子材料在生活中的应用可谓十分广泛，通常情况下，根据用途可以将高分子材料分为五类，即塑料、橡胶、纤维、涂料和黏合剂。

塑料，我们一定不陌生，塑料是指以聚合物为主要成分，在一定压力或温度下可塑成一定形状并在常温下保持不变的材料。日常生活中的杯子、餐具、雨衣、文具盒等都离不开塑料的身影，它同样也活跃在农业、工业、建筑等领域。

橡胶是具有可逆形变的高弹性聚合物材料，极富有弹性，主要用于轮胎、手套、热水袋等物品的制造，它除了在日常生活中不可或缺外，在建筑、机械、电子等重工业领域和新兴产业领域也品种繁多，并且应用前景广阔。

纤维指由连续或不连续的细丝组成的物质。常见的有天然纤维和化学纤维，天然纤维有棉花、蚕丝、羊毛等，化学纤维有尼龙、涤纶等，它们在服装业等领域运用广泛。

涂料是涂附在工业或日用产品上起保护或美化作用的高分子材料，主要有油漆、乳胶漆等。

黏合剂是借用粘性，将两个分离材料进行连接的材料的总称，主要有液态、固态、膏状三种类型。天然黏合剂有淀粉、沥青等，合成黏合剂主要是指水玻璃、合成树脂等人工合成物质。

延伸思考

特氟龙

高分子材料中有个特别的存在，那就是特氟龙，也叫作聚四氟乙烯，俗称“塑料王”。生活中常用到特氟龙材料的产品一般称为“不粘涂层”，也就是不粘锅之所以不粘的“秘密武器”。

特氟龙涂膜具有很多神奇的特性：极强的不粘性，几乎不与所有物质粘合；耐热性与耐低温性，可以使它在高温和低温下工作；滑动性，可使物品有较低的摩擦系数；抗湿性，使它表面不沾水和油质；优良的耐磨性；抗酸、抗碱、抗各种有机溶剂的耐腐蚀性等。

正是因为这些特性，让它成为了不粘锅内层涂料的“不二之选”。特氟龙不仅仅在不粘锅上大展身手，还因为它这些优良的综合性能，同样在医疗、航天、视频、机械、建筑、电子、电气等领域大放异彩！

Part 3

第三部分

离子

12. 加速氧化的"罪魁祸首"

小京学校的旁边新开了一家美容店。每到傍晚，美容店的推销员们就会纷纷出动，向等着接孩子放学的妈妈们推销自家的产品。"祛皱""祛斑""美白"……一个个诱饵被抛出，听得人心动不已，让这些妈妈们不自觉地就忽视了那昂贵的价格。

这不，有一回小京走出校门，就看到一个脸熟的推销员哥哥站在妈妈身边。小京慢慢走近，听到推销员哥哥断断续续的介绍声："中和正离子……抗氧化……延缓衰老……"妈妈听得津津有味，连小京已经走到身边了都不知道。

眼看妈妈的手就要和自己的钱包过不去了，小京连忙问道："为什么抗氧化就能延缓衰老，为什么中和正离子就能抗氧化呢？"

推销员哥哥挠挠头，说不出个所以然来，小京的妈妈见状也愣了一下，然后就赶紧带着小京回家了。

成功阻止了妈妈的不理性消费，小京很高兴，不过，他还有点儿好奇，推销员哥哥说的是真的还是假的呢，正离子到底是什么呢？

知识点

正离子

我们的身体无时无刻不在发生着氧化，这种氧化会让我们的皮肤变皱，免疫力下降，记忆力下降等。而加速氧化的“罪魁祸首”就是**正离子**。

原子在各种作用下失去电子，从而使自己的最外层电子数达到 8 或 2（如果第一层为最外层则满电子数是 2，否则为 8）的稳定状态，所形成的粒子叫作正离子，也称作阳离子。阳离子一般都是金属离子，常见的有钙离子、钠离子、钾离子、镁离子等。

当天快要下暴雨时，站在拥挤的室内，或大量汽车尾气排放处，我们会感到头晕胸闷，甚至喘不上气，就是因为这些场合产生了大量的正离子。正离子会使血液酸化、血液浓稠度增加、身体氧化加速，还会

降低人体的免疫力，导致精神紧张，并会诱发各种病症。

延伸思考

氧化性和还原性

正离子之所以能加速氧化反应，是因为它具有强氧化性。氧化性是指物质得到电子的能力。例如，氧气就具有氧化性，在生活中，铁生锈、木炭燃烧等氧化反应，都有氧的参与。氧气中的氧分子夺走了铁原子的电子生成了铁锈，氧气中的氧分子夺走木炭中的碳原子的电子生成了二氧化碳。得到电子的能力越强，物质的氧化性就越强。正离子是由原子失去电子而产生的，因此，正离子越想得回这部分电子，它的氧化性就越强。

与氧化性相对的是还原性。还原性是物质含有的微粒失去电子的能力，氧化和还原必定相生相伴，例如，在铁生锈的反应中，氧气中的氧分子夺走了铁原子的电子，金属铁失去电子表现出的就是还原性；同样，在木炭燃烧时，氧气中的氧分子夺走了碳原子的电子，碳原子失去电子表现出的就是还原性。微粒越容易失去电子，物质本身的还原性就越强。比如金属原子容易失去电子形成金属离子，因此它们所构成的金属单质就具有还原性。

13. 为什么森林的空气特别清新

暑假里，小文跟随爷爷奶奶去森林公园玩耍。经过几个小时的颠簸，他们终于来到了目的地，远远望去，只见整座山笼罩在一片云雾中，飘飘渺渺。

小文十分兴奋，快步向着山上跑去，她一口气跑到半山腰，深深地吸了一口气，只觉得空气是那么清新，让人有一种心旷神怡的感觉。

没过多久，爷爷奶奶也相继登上了山腰，别看他们已经上了年纪，却一点儿都不觉得疲惫。爷爷本来有午睡的习惯，可这天他却没觉得困，还想一鼓作气爬到山顶。小文奇怪地问爷爷这是怎么回事，爷爷告诉她："有一群可爱的小精灵，名叫负氧离子，它们一直在热心地帮助我们呢！"

爷爷的一句话引起了小文的好奇心，她一路上都在想："负氧离子是什么？它为什么会有这么大的魔力？"

知识点

负氧离子

当我们进入安静的公园、郊区或森林中时，会像小文一样感到头脑清新，呼吸特别舒畅、爽快。可要是来到嘈杂拥挤的地方，或是密闭的房间里，就会感到呼吸不畅、十分憋闷。这是什么原因造成的呢？答案就是**“负氧离子”**。

原子获得多余的电子后形成的带电粒子就是负离子，也叫作“阴离子”。空气中的负离子主要是负氧离子，它被称为**“空气维生素”**，不但能够吸收空气中带有正电性的粉尘、烟雾，还能让血液的含氧量增加，所以能改善呼吸，还能消除疲劳，让人精力更加旺盛。

根据世界卫生组织的规定，空气中的负氧离子含量要达到每立方厘米1000~1500个，才能被称为“清新空气”。在森林中，负氧离子含量能达到每立方厘米10000个以上，难怪人们身处其中，会感觉呼吸格外轻松。可要是在空调房里，负氧离子每立方厘米只有几十个，所以在里面待的时间长了，人们就会感到头晕难受，还可能引发“空调病”。

延伸思考

负氧离子产生的方法

大气受到宇宙射线、紫外线、雷电、放射性物质等的影响，会发生电离，之后产生的自由电子和空气中的中性分子相结合，就会形成大量的负氧离子。

另外，瀑布冲击也会产生负氧离子，因为形成瀑布的水在重力的作用下进行激烈地撞击，水分子发生裂解，就会产生负氧离子。此外，绿色植物进行光合作用时，释放出的氧气被电离，能够产生不少负氧离子。

现在人们也在模仿雷雨天闪电产生负氧离子的原理，制造出负离子发生器，利用高压静电使局部空气发生电离，通过这种方法源源不断地产生空气负氧离子，可以改善室内的空气质量，让我们生活得更加健康、舒适。

14. 水果加热后为什么会变酸

小施最近肠胃不太好，吃点儿凉的辣的，就要闹肚子，并且为此跑了好几趟医院。过了几天，好不容易症状有所缓解，医生叮嘱她少吃生冷，像水果、沙拉、棒冰这样的食物，都要控制了。

可是小施最喜欢吃水果了，苹果、桃子、李子……酸酸甜甜的，都是她的最爱。看着放在茶几上的玻璃盘里的水果，是那么的芳香诱人，小施的馋虫都被勾了出来。可是拉肚子的滋味实在不好受，小施几次伸出手，却又缩了回来，只好焦虑地在客厅里徘徊。

突然，一道灵光在脑海闪过，小施有了主意！医生不让吃水果，是因为水果是生冷食品，那如果把水果加热呢？这岂不是既不生也不冷了？小施简直要给自己竖个大拇指。说干就干，小施选了一个又大又红的桃子，切下一半，将其放进微波炉里加热了三分钟。

加热完成后，小施打开微波炉，夹出那半个桃子，晾凉一些，满怀期待地“啊呜”一口咬了上去。“啊——呸呸！”桃子入口，一股酸味弥漫开来，小施被酸得龇牙咧嘴，眼泪都快流出来了，赶忙把咬进嘴里的桃肉吐了出去，抱怨道：“这也太酸了吧，这桃子真是白长了一副好

皮囊。”

闻声赶来的妈妈看到这一幕，顿时明白发生了什么，笑道：“那你可错怪这个桃子了，不信你尝一口剩下的那半个。”小施将信将疑地咬了一口没被加热的半个桃子，哇——甘甜可口，味道好极了。小施非常奇怪，同样的桃子，为什么加热之后就变酸了呢？

知识点

氢离子

水果加热后变酸，要归根于氢离子的作用。**氢离子**是氢原子失去一个电子后形成的正离子，带一个单位的正电荷，我们用 H^+ 来表示。

氢离子通常由酸在溶液中电离产生，水果的果汁中含有丰富的有机酸，加热会使有机酸的电离加快，产生更多的氢离子。而我们所说的“酸味”就是由氢离子刺激味觉产生的，因此氢离子越多，我们就会觉得越酸。这就是小施觉得加热的那一半桃子特别酸的原因。

延伸思考

氢离子与酸性

在化学上，我们常常听到“酸性”“碱性”。酸碱性是化学中非常重要的概念和性质。

酸性，是氢离子，也就是“H^+”表现出来的性质，它能够使紫色石蕊试液变红；与酸性相对的是碱性，使物体呈碱性的是氢氧根离子，也就是“OH^-”表现出来的性质，它能使紫色石蕊试液变蓝。

我们通常用酸碱度来描述酸碱性的强弱程度，并用符号 pH 表示。pH=7，为中性；pH<7，为酸性，且 pH 越小，酸性越大；pH>7，为碱性，且 pH 越大，碱性越大。生活中像醋、啤酒、牛肉、羊肉都属于酸性物质；茶叶、海带、胡萝卜都属于碱性物质。

15. “软水”和“硬水”的区别

周六的早晨，浩浩一家正在进行大扫除。浩浩也做着自己力所能及的家务。打扫接近尾声时，浩浩看到妈妈正在清理热水壶，便好奇地走近看，发现壶底有一圈淡黄色的块状物体，他十分惊讶地问道：“妈妈，这是什么呀？我们从来没有用它煮过别的东西吧？”

妈妈一边往壶内倒上一些食醋，一边晃了晃壶身，并转过头对浩浩说：“这不是煮了别的东西才留下的。这是因为我们平时烧水用的自来水是硬水，硬水中有较多的可溶性钙镁化合物，当水煮开后，一些不好溶解的碳酸钙、碳酸镁就会沉淀下来，时间一长，就会在壶底形成水垢，我们可以用一些食醋、柠檬水来溶解并清理掉它们。”

浩浩继续追问：“硬水……那有软水么？”

爸爸听闻母子俩的对话，走过来补充：“软水就是不含或含较少可溶性钙镁化合物的水，生活中，蒸馏水、雪水、雨水等都是软水。”

“钙镁化合物真是神奇呢，能把水变成不一样的水！”浩浩心想。

知识点

钙、镁离子

我们根据水中的可溶性钙、镁化合物的含量，将水分为**硬水**和**软水**。那么，作为钙、镁化合物中的主角——钙离子和镁离子分别有什么特点呢？

钙离子（Ca^{2+}）是钙元素在化合物里的存在形式，是钙原子失去最外层 2 个电子而形成的，所以带有 2 个正电荷。常见可溶性的钙盐有氯化钙、葡萄糖酸钙等，不溶于水的钙盐有硫酸钙、碳酸钙、硅酸钙等。钙是人体必需的元素之一，人的骨骼和牙齿内藏着人体绝大多数的钙，钙离子还参与了凝血与神经递质的合成和释放，也是影响肌肉收缩的重要因素，所以钙是人体生长发育和生理活动必不可缺的元素。

可溶性的钙盐

不溶于水的钙盐

镁离子（Mg^{2+}）是镁原子失去最外层 2 个电子而形成的，也带有 2 个正电荷，常见的可溶性镁盐有氯化镁、硝酸镁等，不溶于水的镁盐有碳酸镁、磷酸镁等。同样，它作为人体的常量元素，在人体的含量也较多，主要分布在细胞内，可以激活各种酶的活性，也可以维护神经与肌肉的兴奋性与胃肠道功能。

延伸思考

硬水的软化处理

长期使用硬水的设备可能会加速老化、降低使用寿命，用硬水洗涤后的衣物颜色黯淡、板结僵硬，使用硬水洗浴后皮肤发干、粗糙，长期饮用硬水也会增加患尿路结石的风险。不过不用担心，我们日常使用的自来水，已经经过标准化处理，达到符合饮用的标准了。

那么，如何将硬水变为软水呢？一般来说，将硬水软化有四种方式：一是沉淀法，在硬水中加入生石灰或纯碱，让石灰或纯碱与水中的钙离子、镁离子反应生成不可溶的物质并析出，然后通过过滤就可以获得软水；二是煮沸法，这种方法只适用于部分硬水，它的做法是通过加热煮沸，将水中原本的可溶性钙镁化合物转化为不可溶的钙镁化合物析出；三是离子交换法，通过使用某些离子交换剂，与水中的钙镁化合物反应，一般用氢离子、钠离子来置换出不可溶的钙离子、镁离子，形成沉淀；四是电渗析法，在直流电源作动力下，使硬水通过离子交换膜，过滤钙镁离子而获得软水。

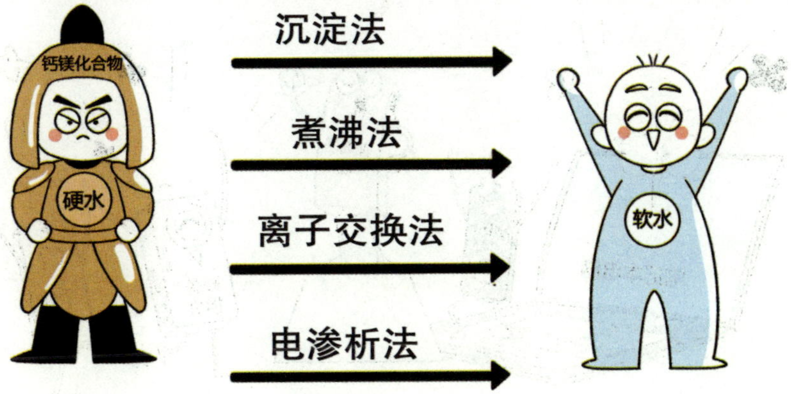

16. 手机为什么"偏爱"锂电池

周末，爸爸妈妈带着小南一起去郊外露营。夜晚，帐篷外响起蟋蟀的声音，小南想带着手电筒出去看看，然而当爸爸从包中掏出手电筒后，却发现它没电了。这时，妈妈找出了备用的干电池，装上后，手电筒又恢复了光明。小南拿着重新变亮的手电筒，看着正在用充电宝充电的手机，问道："为什么手机需要充电，手电筒却可以直接换电池呢？"

爸爸笑着说："因为手机用的是锂离子电池，而手电筒用的是一次电池——干电池。"

小南继续问道："为什么手机要用锂离子电池呢？"

"因为锂离子电池可以反复充电，循环使用，使用寿命长，而且不含有毒有害物质，非常环保，最重要的是它充放电都非常迅速，输出的功率很大！现在的电子数码产品都非常喜欢用锂离子电池呢！"妈妈在一旁回答道，小南恍然大悟地点点头。

知识点

锂离子电池

锂离子是锂原子失去最外层的那个核外电子而形成的带一个正电荷的离子。

锂离子电池是一种二次电池，由正极（含锂化合物）、负极（碳素材料）和电解质组成，它依靠锂离子在正负极来回移动达到“电能－化学能－电能”的储能转换，从而进行充放电。

当电池充电时，正极生成带正电的锂离子，它们经过电解质运动到负极，嵌入负极的碳层中，嵌入碳层的锂离子越多，充电容量也就越高。

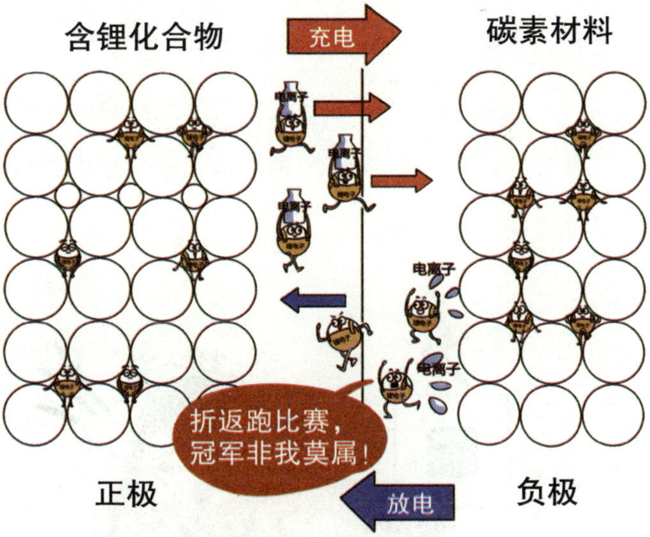

当我们使用电池时，电池放电，在负极的锂离子就会脱落，然后经过电解质游回正极，同理，回到正极的锂离子就越多，放电容量也越高。每一次锂离子的嵌入和脱嵌，都伴随着等量电子的嵌入和脱嵌，锂离子电池就是这样通过锂离子的来回移动，进行了电池的充电放电的。

延伸思考

常见的化学电池

我们把将化学能转换为电能的装置称作原电池。化学电池身为其中的一员，主要由电解质溶液，浸在溶液中的正极、负极和连接电极的导线组成。化学电池根据其工作性质大致可以分为燃料电池、二次电池和一次电池。

燃料电池是一种以天然燃料或其他可燃物作为负极反应物质，以氧气作为正极反应物质的电池，具有功率大、质量小、体积小的特点，包括氢氧燃料电池、甲烷燃料电池、甲醇燃料电池等。

二次电池也被称作蓄电池，具有放电后可充电复原，并反复使用的特点，包括在工农业里广泛使用的铅蓄电池，在人造卫星、宇宙火箭上常用的银锌蓄电池，在电子数码领域的锂离子电池等。

一次电池是进行过一次电化学反应后（放电）不能再次使用的的电池，如锌锰干电池、银锌纽扣电池等。一次电池以轻便见长，在各种领域的电器产品中被广泛使用。

太有意思了！生活中的化学

元素篇

童　非◎编著

航空工业出版社
北　京

内容提要

本书是一套专门为小学生定制的趣味化学读物。全书共6册，内容涵盖化学中的微粒、元素、纯净物与混合物、化合物、酸和碱以及多种化学反应。作者结合生活实际，以故事的形式，将化学知识系统地融入日常生活场景中，用通俗易懂的语言分析生活中的化学现象。书中还配有大量充满童趣的漫画，能够为孩子的阅读带来更多的乐趣。

图书在版编目（CIP）数据

太有意思了！生活中的化学． 元素篇 / 童非编著．-- 北京 ： 航空工业出版社， 2023.7

ISBN 978-7-5165-3375-8

Ⅰ．①太… Ⅱ．①童… Ⅲ．①化学—青少年读物 Ⅳ．① 06-49

中国国家版本馆 CIP 数据核字（2023）第 087895 号

太有意思了！生活中的化学·元素篇

Tai Youyisi le!Shenghuozhong de Huaxue.Yuansu Pian

航空工业出版社出版发行

（北京市朝阳区京顺路 5 号曙光大厦 C 座四层 100028）

发行部电话：010-85672688 010-85672689

三河市越阳印务有限公司印刷　　全国各地新华书店经售

2023 年 7 月第 1 版　　2023 年 7 月第 1 次印刷

开本：787×1092 1/16　　字数：43 千字

印张：3.5　　定价：150.00 元（全 6 册）

Preface

前言

化学，对于还没有系统地学习过它的孩子来说，可能会感到很遥远、很陌生。可事实上，我们的生活中处处有化学的影子，很多孩子感兴趣却又无法理解的问题都能用化学的相关知识来解答。

迄今为止，人类已经发现的化学元素有 118 种。各种化学元素构成了地球上的万物。认识化学元素、了解它们的基本性质，是孩子学习化学的入口，也会让他们发现化学的奇妙，领略化学的魅力。

我们每天会接触到各种物质，有的是纯净物，有的是混合物，可要想把它们区分开来，却不是一件容易的事情。像纯净水、纯牛奶虽然带“纯”字，却不是纯净物；冰和水混合后，还是同一种物质，所以是纯净物；生铁与铁虽然只有一字之差，却并不是一回事。

苹果切开后为什么会变色？吃菠萝后舌头为什么又麻又痛？萤火虫为什么会发光？蜡烛燃烧为什么会冒黑烟？到了秋天树叶为什么会变色？“暖宝宝”为什么能够持续发热？……不知不觉中，化学反应正在悄然发生。

切洋葱为什么会流眼泪？食盐放久了为什么会“返潮”？馒头为什么越嚼越甜？不锈钢栏杆为什么会长出铁锈？银饰戴久了为什么颜色会变暗？……了解了化学背后的奥秘，孩子才会知道身边看似寻常的现象其实非常神奇和有趣。

这套书就像一位睿智、可爱的向导，带领孩子们从生活中常见的现象出发，学习有关元素、微粒、纯净物与混合物、酸和碱、化合物以及化学反应的知识和原理。

全书故事通俗易懂，漫画生动有趣，符合孩子的阅读习惯，一定会给他们带来妙趣横生的阅读体验，也会让他们对学习化学产生浓厚的兴趣，从而为未来的化学学习打下良好的基础。

Contents

目录

01

初识元素家族

02

调皮的金属元素

03

奇幻的“固态非金属”世界

04

气体元素变奏曲

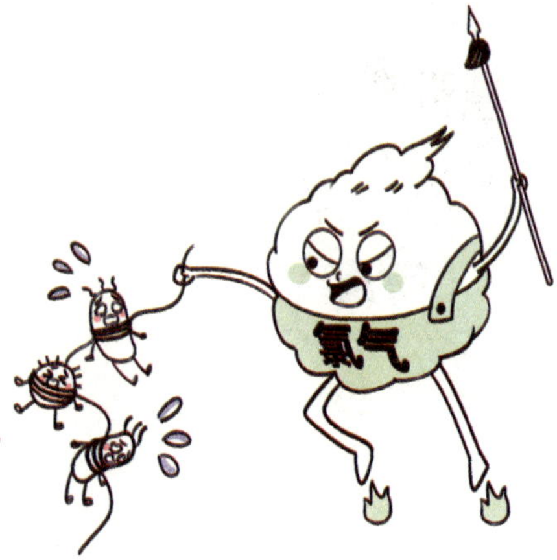

Part 1

第一部分

初识元素家族

1. 了不起的元素地图

飞飞正在老师的办公室里帮老师整理资料，这时一张花花绿绿，有点像地图又有点像表格的大图引起了飞飞的注意。

飞飞满脸好奇地问道：“老师，这张地图为什么和其他的地图不一样啊？”

“地图？”老师接过来一看，笑着对他说，“这个不是地图，它叫作元素周期表，不过你可以把它看作‘元素的地图’。”

“元素的地图？”飞飞转动他的大眼睛想了一下说，“那就是说，在这个表上，我可以找到每个元素的位置，是不是？”

“不仅如此，”老师耐心地解释道，“查看这张‘地图’，你不仅可以找到我们现在已知的所有元素，还可以根据它们的位置，了解到它们的基本性质、所属的类别和它们之间相互的内在联系。”

老师的手指向“地图”给飞飞示意：“举个最简单的例子吧！在这个‘地图’上，每一纵列的元素，它们都有相似的化学性质。而每一横排，从左至右元素的反应规律依次递变。这张并不复杂的‘地图’，就这样揭秘了物质元素最深层次的规律。”

看着飞飞充满好奇的双眼，

老师接着说："最厉害的是人们还曾根据这张'地图'，成功地预测出了没有被发现的元素，甚至预言出了这些新元素的性质呢！"

飞飞看着这张"地图"，由衷赞叹道："真是太了不起了！"

知识点

元素周期表的排列顺序

自然界中的各种物质都是由**元素**组成的，从人们发现不同的元素开始，就一直在寻找各种元素之间是否有规律和联系。

1869 年，俄国化学家**门捷列夫**在经过长达 20 年的持续研究后，根据自己掌握的海量数据和前人的研究成果，编制出了第一张**元素周期表**。

相传，门捷列夫每天都在思考元素该怎么排序，突然有一天他做了一个梦，在梦中他看到了一张表格，上面的元素都井然有序地排列着。当梦醒后，门捷列夫赶紧把梦中的表格记录了下来，之后经过修改，这才有了第一张元素周期表。当然，这只是一种传说。这张表不仅涵盖了当时人们已经发现的 63 种元素，还为后来预测的某些新元素留下了空白的位置。随着时间的推移，那些缺失的元素也一一被人们寻找到了，从而证实了门捷列夫当时的猜测。

现在，**最新版的元素周期表已经包含了 118 个元素，填满了 7 个化学周期**。在元素周期表中，元素是以原子序数排列，最小的排行最先。表中一横行称为一个周期，一列称为一个族。元素在周期表中的位置，不仅反映了元素的原子结构，也显示了元素性质的递变规律和元素之间的内在联系。可以说，元素周期表的发布，具有划时代的意义，它也是我们学习和研究化学最有力的工具，小朋友们一定要好好掌握。

延伸思考

元素是什么

世界上，所有的东西都是由一些最基本的物质组成的，而这些最基本的物质就叫作元素。例如，水是由氢元素和氧元素组成的；空气主要是由氮、氧、碳三种元素组成的。目前，我们总共发现了 118 种元素，其中 1 号到 94 号元素是天然存在的，而 95 到 118 号元素都是人造的。元素还可以通过各种形式组合起来，形成无限种的化合物。

2. 谁才是第一元素

科学兴趣课上，刚学习了元素的基本知识，跳跳和闹闹就开始为谁是第一元素的事情争论起来了。

跳跳说："氢排在元素周期表的第一位，当然氢才是第一元素，这有什么好争的。"

闹闹就不服气了，他争论道："老师说了，排在元素周期表第一位，只是因为它只有一个质子。但不代表它最重要，并且它也不是地球上最多的元素，所以不能叫它第一元素。"

两个小朋友争得面红耳赤，同学们赶紧又叫来老师，请老师帮忙评评理。

老师听完他们的意见后，首先表扬了跳跳和闹闹："老师讲的知识点你们都记住了，这点非常棒。"然后老师对着跳跳说："氢元素不仅是元素周期表第一位，它也是整个宇宙中含量最多的元素，大约占了整个宇宙质量的75%。我们看到的恒星，如太阳，主要成分就是氢。"

听到这里，跳跳得意地看着闹闹，一副"我就说嘛"的表情。

这时，老师马上又对闹闹说："不过闹闹说的也不错，在地球上和地球的大气中，氢的含量就非常少了。例如，人们生活的地壳上，氢只占了它总质量的1%。”

老师搂过两个小朋友接着说：“每一种元素对地球、对人类都很重要，没有必要非得争第一。但是看到你们愿意来讨论学到的知识，老师觉得非常开心。你们不妨一起查找资料，了解一下跟我们关系更大的地壳中有哪些元素吧，相信一定会很有收获的。”

知识点

地壳中的元素含量

地壳是指我们所在的地球最外面一圈的岩石硬壳。整个地壳平均厚度约为33千米，我国的青藏高原是地球上地壳最厚的地方，厚度可达70千米以上；而靠近赤道的大西洋中部海底山谷中，地壳只有1.6千米。现在，人们已经在地壳中找到了90多种元素，这些元素都与地球上动植物的生命息息相关。研究地壳中的元素含量，能帮助我们更清楚地认识地球，并对这些元素加以利用。

经过科学家多年的探测研究，现在分析出下面五种元素是地壳中含量最多的元素，并根据它们的含量进行了排名，从低到高依次为：钙、铁、铝、硅、氧，它们在地壳中的含量分别约为：3.45%、4.75%、7.73%、26.3%、48.6%。

延伸思考

海水中的元素含量

海水中含有 80 多种已知元素，其中含量最高的元素依然是氧元素，差不多达到了 89%。氧元素和氯、钠、镁、硫、钙、钾等 11 种元素占了海水溶解物质总量的 99.8%，它们含量高，也比较稳定，被称为海水常量元素。可以说，氧元素是构成地球上生物界与非生物界的最重要的元素。

3. 元素符号的来历

有一天，妈妈叫桐桐帮忙去超市买一包加碘盐。回家的路上，桐桐看着手中的盐，一排奇怪的符号引起了她的注意。

回到家后，桐桐指着加碘盐包装袋上的符号问：“妈妈，这些符号是什么意思啊？是盐的英文名称吗？”

妈妈一看，上面写着“主要成分：氯化钠（$NaCl$）、碘酸钾（KIO_3）”。

妈妈笑着对桐桐说：“这个不是盐的英文名哦，这个是加碘盐的主要成分氯化钠和碘酸钾的化学式，就是用元素符号来表明这种物质的成分。”

“元素符号？”桐桐继续问道，“每一个元素都有自己的符号吗？”

妈妈回答道：“是的，虽然这些符号看起来都像是英文字母，但它们其实是来自表示这些元素的拉丁文字母。在很久以前，各个国家的人都会采用不同的符号来表示元素，但是没有一个统一的标准，这样你说你的，我说我的，用起来非常不方便。于是，在 100 多年前，许多化学家聚在一起开了个会，就对化学元素的名称做了统一的规定。”

桐桐接着问：“所以现在全世界的化学元素符号都是一样的吗？”

妈妈说：“对呀，这样才能更方便化学家学习和交流，这些元素符号，也是化学这一门科学独特的语言。”

知识点

元素符号的意义

1860 年秋，各国化学家在德国的卡尔斯鲁厄小镇组织召开了第一次化学家国际会议。会议规定，**化学元素的符号，均采用该元素的拉丁文**

开头字母表示。如果有的化学元素的拉丁文开头字母相同，那就在开头字母旁边另写一个小写字母，这个小写字母是该元素拉丁文名称的另一个字母，以资区别。这是化学元素符号第一次得到大范围的统一，而这个规定也一直延续到了今天。

元素符号，除了能够表示这种元素以外，也能表示这种元素的一个原子。有的物质直接由原子构成，那么它的元素符号还可以直接代表这种物质。

延伸思考

元素符号的记忆小窍门

一些元素的汉语拼音和元素符号很相似，如钠元素的符号就是“Na”，锂元素的符号就是“Li”，钨元素的符号就是“W”，氟元素的符号就是“F”。

有一些元素符号可以采用联想记忆法，如氧元素，人们需要张大嘴巴呼吸氧气，氧的元素符号“O”就像人们张开嘴巴一样；硫的元素符号“S”，就像“硫”的谐音“流水”一样弯弯曲曲的；氢元素组成的氢气，密度很小很轻，所以它的符号“H”就像一个梯子一样可以往上爬；金的元素符号是“Au”，可以把它想像成有人看到了金子，会不由自主地发出一声“哎哟”。

总之，元素符号的记忆和掌握，是我们打开化学之门的一把钥匙。同学们可以通过各种办法，多多练习、多多应用，尽快把常用的元素符号记熟，这样才能在接下来的学习和生活中体会到更多化学带来的乐趣。

Part 2

第二部分

调皮的金属元素

4. 水治不了的“暴脾气”

小马参加了学校的科学小组，学到了很多书本上学不到的知识。这天，辅导老师带来了一个奇怪的瓶子，瓶子里面有一些半透明的液体，其中浸泡着一块淡黄色的“小石头”。小马好奇地问：“老师，这是什么石头啊？”

老师笑着回答：“它呀，可不是什么石头，而是一种金属，名字叫钠，一会儿我要用它给大家表演一个魔术……”

小马顿时来了兴趣，目不转睛地盯着老师的每一个动作。只见老师先用镊子将钠从半透明液体中夹了出来，然后放在一块玻璃片上，再用滤纸擦干净后，又用小刀切下一小点钠，那切面竟然是银白色的。

接下来，老师把这一小点钠放进了装有水的烧杯里，只见钠很快就变成了一个银色的小球，并在水面上快速地游动着，还发出“嘶嘶”的声响，十分神奇。

“钠到了水里为什么就‘变身’了呢？”小马挠着头，陷入了沉思中……

知识点

活泼的金属钠

在元素周期表中，钠排在第 11 位。金属钠是由钠原子构成的，它的性质非常活泼，在常温常压下就可以与氧气和水发生反应；当它遇到水后会产生大量的氢气，在气流的推动下，在水上来回游动，并发出“嘶嘶”的声响。也正是因为这样，钠不能直接暴露在水中和空气中，存放钠的时候一定要避开水源和空气，最好像老师那样，把钠贮存在煤油里。

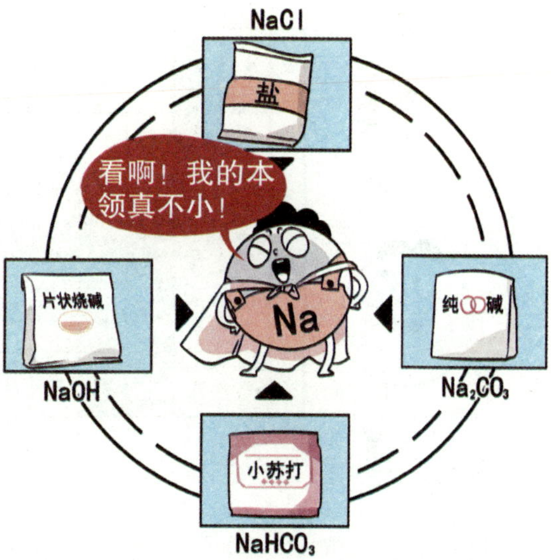

我们每天离不开的食盐是钠和氯的化合物。除了食盐外，日常生活中还有很多含有钠元素的物质，像苏打粉（也叫无水碳酸钠、纯碱）就是其中之一，它不仅可以用来做美味的糕点、馒头、面包，还能用来清洁厨具，钠的英文名（Sodium）就是由苏打演变而来的。

钠也是人体不可缺少的重要元素，摄入食物中的盐可以保证人体钠元素的供应，但食盐不能吃得太多，否则钠元素摄入超标容易引起高血压等疾病。

延伸思考

碱金属的特性

钠和锂、钾、铷、铯、钫都属于“碱金属元素”，之所以会叫这个名字，是因为它们都能和水发生剧烈的反应生成带有强碱性的氢氧化物。比如，钠和水发生反应，生成的氢氧化钠就具有强碱性，而且腐蚀性极强，所以不能直接用手触摸，而是要用镊子夹取。

除了这一点外，作为同一个家族的成员，碱金属还有很多相似的性质，比如它们大多是银白色的金属，质地非常软，密度非常低，化学性质非常活泼。在保存的时候都需要存放在矿物油或稀有气体中，以便把水和空气隔绝开。

碱金属的脾气虽然很“火爆”，但人们还是找到了利用它们的好办法，像锂元素就被人们用来做锂离子电池，给手机、平板电脑、电动汽车供电；钾元素的化合物氯化钾和硝酸钾是农民伯伯需要的肥料，而氢氧化钾可以用来制造肥皂；铷元素和它的化合物用途也很广泛，生产医药、催化剂、电子元件、特种玻璃都能用上它；铯元素因为储藏量低，价格非常昂贵，甚至超过了黄金，但它可以用来制作火箭发动机的燃料，因此也是必不可少的关键元素。

5. 找出“双性”金属

自从听老师讲完俄国伟大的科学家门捷列夫编制了元素周期表之后，小苏就对他产生了巨大的兴趣，在课余时间找来了很多和门捷列夫相关的书籍阅读。这天，他读到这样一个故事：

为了表彰门捷列夫编制了元素周期表，俄国沙皇决定颁发给门捷列夫一个铝制的奖杯。

读到这儿，小苏立马跑去找老师，愤愤不平地说：“老师，门捷列夫做了那么大的贡献，俄国沙皇为什么只奖励给他一个铝制作的奖杯啊？不应该奖励给他一个黄金奖杯吗？”

老师哈哈大笑，对小苏说：“那是因为在他生活的那个年代，这个铝奖杯比黄金奖杯值钱多了。”

“啊？铝做的东西不是很普通吗？装饮料的易拉罐不都是铝做的吗？”小苏吃惊地瞪大了眼睛。

“是的，现在铝确实在我们的生活中应用非常广泛，但其实它的化学性质非常活泼，很容易和氧、氯等元素形成化合物，而生活在100多年前的人，他们没有什么有效的办法将铝单独提取出来。再加上纯净的铝制作流程非常复杂，造价昂贵。所以在当时，拥有用铝制的东西才是真正身份的象征。”

小苏惊叹道：“原来如此！没想到现在到处可见的铝，当年居然也是‘贵族’。”

老师点点头，继续介绍说：“铝还有一点很特别，因为普通的金属只能溶于酸性溶液，而铝既能溶于酸溶液，也能溶于碱溶液，所以我们把它叫作‘双性金属’。”

知识点

独特的金属铝

铝的元素符号是 Al，在元素周期表中排在第 13 位，构成的单质就是金属铝——一种银白色的金属。历史上，由于提纯难度大，铝一度成为一种价格昂贵的金属，直到 19 世纪末，随着电力的普及，科学家发现了**氧化铝的电解方法**，才使得铝可以大规模地生产。

铝有非常多优良的性质，铝和它的合金是目前用途最广泛的金属材料之一。例如，它重量很轻，在火箭、航天飞机和人造卫星的制造中会大量被使用；它有良好的导电性，而且耐腐蚀，在电器制造业和无线

电工业中也被大量用到；它有很棒的延展性，可以制作成薄薄的铝箔，用来包装香烟或糖果；它在燃烧时会发出耀眼的光，还是制作烟花的好材料。

延伸思考

双性金属的特性

大部分金属都可以与酸发生反应而不能与碱发生反应，而以铝为代表的锌（Zn）、锡（Sn）、铅（Pb）等金属，既可以和酸发生反应，也可以和碱发生反应。我们把这样的金属叫作双性金属。

其中，锌是人体里非常重要的微量元素，小朋友如果缺锌，会导致偏食、厌食，甚至免疫力下降；锡也是人们常用的一种金属，是人们常说的“五金”之一；铅则是原子量最大的非放射性元素，金属铅的熔点低、耐腐蚀性高，常被用于放射性防护装备中。

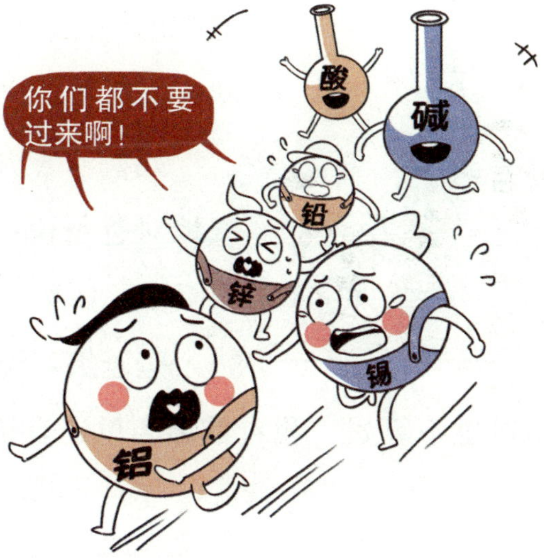

6. 比比谁的身价高

妈妈生日这天，爸爸送给了妈妈一件特别漂亮的礼物——一条金光闪闪的项链。

丽丽看着妈妈戴上这条项链，由衷地称赞道：“这条项链真的太好看了，为什么它的颜色这么耀眼呀？”

一旁的爸爸听到后告诉丽丽说：“因为这条项链是黄金做的，而且金的纯度很高，所以它的色泽特别好看。”

丽丽又问：“我觉得这个项链摸起来和奶奶送给我的手镯差不多，但颜色不一样，它们是不同的材料做的吗？”

爸爸摸摸丽丽的头说：“奶奶送给你的手镯是银做的，也很好看。金和银都属于贵金属，有漂亮的色泽，还能打造成各种形状，很适合做装饰品。”

妈妈有点开心，但又假装生气地对爸爸说：“这条项链应该很贵吧，你又乱花钱了。”

爸爸笑着说：“你过生日嘛，就应该买个好的。不过也不算贵，我看首饰店里还有铂金的项链，比黄金的还贵呢！”

知识点

了解“贵金属”

刚刚提到的**金、银、铂**，再加上元素周期表中的**钌、铑、钯、锇、铱**一共 8 种元素，这 8 种元素都属于金属元素中的**“贵金属”**。它们的化学性质稳定，不会轻易被氧化，能长时间保持美丽的色泽。不仅如此，这 8 种元素在自然界中的含量还很少，正所谓“物以稀为贵”，所以它们的价格都比较高，是名副其实的“贵金属”。

这 8 种元素中，金和银都是我们日常生活中非常常见的。金的元素符号是 Au，在元素周期表中的排序为 79。在所有金属中，它的颜色是最黄的。纯度越高，它的颜色也就越鲜艳。除了用于金融和装饰外，金因为有着良好的导电性、导热性和抗腐蚀性，还被广泛应用于工业和科学技术当中。

银的元素符号是 Ag，在元素周期表中排序为 47，是一种美丽的银白色金属。在古代，银最重要的用途就是充当货币。银也具有很好的延展性，而且它的导电性和导热性在所有金属中都是最强的。现在除了用作装饰外，银也常被用来制作各种灵敏度很高的仪器元件和很多高科技设备中的接触点。

不过，相比其他贵金属“稳重”的特性，银相对就要活泼一些，硝酸和浓硫酸都能把它溶解。

延伸思考

其他贵金属

除了最常见的金、银两种贵金属元素外，铂也是我们日常生活中常见的“贵金属”之一。铂的元素符号是 Pt，在元素周期表中排序为 78，是一种有着银白色光泽的金属，有时候人们也叫它“白金”。由于铂在自然界的储量比金稀少，而且性质比金更稳定，所以它的价格比黄金还要贵，常被用来搭配钻石做各种饰品，同时也被广泛应用于各种制造行业中。

相较之下，钯、铑、钌等“贵金属”在日常生活中要相对罕见一些，它们常被用作催化剂，用来提高化学反应的速度。它们与其他金属相结合，可制成各种坚硬的合金，如我们用的钢笔笔尖最前端接触纸张的小圆球，基本上就是用“贵金属”的合金做成的。

7. 颁发贡献奖

小可最近时常感觉头晕烦躁，上课时注意力也不集中，于是妈妈带她去医院检查身体。

医生听完小可妈妈讲述的症状后，让小可去做了血液检测。拿到检

测结果后，医生看了检查报告说：“没什么大问题，应该是缺铁性贫血，给你开一点补铁的药，平时吃饭要注意，多吃点瘦肉，千万不要挑食哦！”

听到“缺铁”，小可觉得很奇怪，就问道：“医生阿姨，铁不是用来做菜刀、剪刀的材料吗？怎么身体也需要补铁呢？这两种铁是一样的吗？”

医生笑着说：“小朋友很爱思考哦。我们身体里缺的铁，和用来做菜刀的铁，它们本质上是一样的，是一种重要的金属元素。铁元素在我们身体里的含量很少很少，只有几克，但它对我们的健康很重要。如果身体里缺了铁，我们的新陈代谢就会出问题。所以一定要好好听阿姨的话，回家按时吃药，不能再挑食了。”

回家后，小可对妈妈说：“妈妈你看，我们的灯柱有铁，椅子靠背有铁，有铁的东西可多了，还有卫生间的水龙头、厨房里的大铁锅、我抽屉里的指甲刀、我们的身体……铁真的是无处不在啊！”

妈妈点点头：“你说得很对，就连建房子用的钢筋，它的原材料也是铁哦。没有铁，就没有高楼大厦。”

小可说：“铁真是太重要了，如果要给元素颁发一个特殊贡献奖，我一定要颁给它。”

知识点

用途广泛的金属铁

铁的元素符号是 Fe，在元素周期表中排序为 26。铁是我们生活中运用最广泛的一种金属，早在公元前 3500 年的古埃及，人们就已经开始使用铁制的物件了。后来，人们在冶炼青铜的基础上，逐渐学会了冶炼铁的技术。铁器坚硬、锋利、韧性高，当铁器被广泛制造和使用后，大大提升了人们的生产效率，推动了社会的进步。

纯净的铁是银白色的，但我们生活中看到的铁通常是黑色的，这是因为铁的表面常常覆盖着一层主要成分为**四氧化三铁**的氧化物作保护膜。有时我们还会看到红棕色的铁，这是因为铁的化学性质比较活泼，在潮湿的空气中放久了就会生锈，实质是铁和氧在有水分的环境下发生化学反应，生成了红棕色的**氧化铁**。

铁具有良好的延展性，又能导热导电，还具有铁磁性。这么多优良的性质，再加上在自然界中存储量丰富，自然而然它就成为了最常被我们使用的金属，在我们的生活中随处可见。

很多机器和工具都是铁制成的，一些颜料、药物中也经常有铁元素的“身影”。

铁元素还是我们人体必需的微量元素之一，它参与了我们人体内氧的运输和存储，能很好地促进身体的发育，增强身体的抵抗力和免疫力。还在长身体的小朋友注意了，一定要记得多吃一些含铁丰富的食物，如蛋黄、海带、木耳等。

延伸思考

铁碳合金——钢

说到钢铁，有的同学可能会以为钢也是一种元素，其实，钢是以铁为主要元素、含碳量一般在 2% 以下，并含有其他元素的材料的总称。当我们在铁元素中加入碳、铬、钒、磷等元素后，铁升级为钢铁，它的性能又强大了不少。

加入不同的元素，提升的性能也各有不同。

碳，是钢材中最重要的元素，可以提升铁的硬度。想要得到不容易生锈的不锈钢，还需要铬的加入，它可以增加铁的耐磨损性和耐腐蚀性。想要继续提升钢材的抗磨损性和延展性，就可以加入钒。如果加入磷，还可以使钢材的强度再次提升。

8. 温度计里的液态金属

小枫正在和妹妹玩游戏，突然发现妹妹的脸颊红红的，有点无精打采的样子。小枫伸手去摸妹妹的额头，呀！有点烫手。小枫赶紧去告诉妈妈："妹妹好像发烧了。"

妈妈过来让妹妹躺在沙发上，然后从药箱里拿出一支温度计对妹妹说："我们来量一下体温，看看到底多少度。"随后妈妈把温度计放在妹妹腋下，让妹妹用胳膊夹稳。五分钟后，妈妈取出温度计，调整好位置拿在手里观察。小枫也凑了过去，她看到温度计里有一根红色的线，停在刻着数字"38"的附近。妈妈说："是发烧了，先吃点退烧药，如果体温继续升高就得去医院了。"

吃了药，妹妹睡着了。小枫对妈妈说："我觉得这个温度计好神奇啊。为什么在妹妹身上放一会儿它就能显示温度了呢？"

妈妈指着温度计的末端对小枫说："秘密啊，就是藏在温度计底部的水银，也叫作汞。水银有个特点，就是它对温度很敏感，体积会随着温度的变化而均匀变化。当周围的温度升高的时候，温度计里的水银长度也会跟着变长，这样就可以来显示相对应的温度了。水银温度计还有个优点，就是显示的数值准确又稳定。虽然

现在有电子测温计，但医生、护士最信任的，还是这种水银温度计。”

小枫倒了一杯温水，把温度计的一端放进水里，水银红线果然在缓缓上升。小枫说：“哇，这个水银好有意思。”

妈妈笑着说：“对，它还是常温常压状态下唯一以液态存在的金属呢。”

“什么？”小枫睁大双眼惊奇地说，“水银居然是金属！”

知识点

认识金属汞

水银的化学名叫作**汞**，化学符号是 Hg，排在元素周期表的第 80 位。纯净的汞是一种带着闪亮银白色的液体，也是唯一在常温常压状态下的液体金属。它的密度非常大，是水的 13 倍，把硬币放在汞上面都不会沉下去。

在自然界中，汞元素大多以**硫化汞**的形式存在，就是人们常说的“朱砂”。**汞的化学性质比较稳定，既不溶于酸也不溶于水**。人们使用汞的历史也非常悠久，几百年前，欧洲人就用它来做镜子，清晰度比青铜镜要好很多。而在古代中国，汞的用处也非常多。人们不

仅会用它来做颜料，还把汞和雄黄的混合物用来治疗皮肤病。

随着科技的进步，人们发现汞对人体有很大的伤害。尤其是汞被加热后形成的蒸汽含有剧毒，吸入后会对我们的神经系统造成不可逆的伤害，因此很多含汞的生活产品都被逐步淘汰了。不过汞依然被用来制作一些工业用品。例如，一些用于天文观测的望远镜，它的液体镜面就是由汞制造的。

延伸思考

汞中毒

2013 年，联合国环境规划署通过了以控制和减少汞排放为目的的国际公约《水俣公约》。水俣是日本的一座城市，曾发生过严重的汞污染事件。20 世纪 50 年代，生活在水俣的一些动物和人类出现了步态不稳、抽搐、甚至跳海死去的怪病。后来，科学家发现，这种病是由于当地工厂的工业废水污染了海洋，废水中的汞沉积到了鱼类身上，人们食用了汞中毒的海鱼后，汞在人体中的含量逐渐增多，最终发展成中毒病变。公约以此地命名，是为了给世人以警示，希望大家一起携手，努力减少全球范围内的汞污染。

Part 3

第三部分

奇幻的“固态非金属”世界

9. 同胞兄弟的较量

童童去叔叔开的家装店玩，看见叔叔正在用玻璃刀切割玻璃。只见叔叔量好尺寸，按住玻璃，用玻璃刀从上往下划，再在玻璃两头一按，玻璃就变成了完整的两块。童童仔细地观察了一下，发现切口非常平滑。

“这玻璃刀可真神奇啊，它是用什么做成的呢？”童童好奇地问叔叔。

叔叔耐心地解释道：“玻璃刀的刀头是金刚石，硬度比玻璃高得多，所以能够轻松切开玻璃。”

童童点点头说：“我听说过金刚石，它的名字听上去很神气，但其实就是由普普通通的碳原子构成的。老师还告诉过我，铅笔芯里的石墨也是碳元素组成的。不过为什么它们一个这么坚硬，一个又那么软呢？”

叔叔露出了为难的表情说道：“哎呀，这我可回答不了。”

那么，小朋友，你能帮童童解决这个问题吗？

知识点

金刚石和石墨的比较

金刚石经过琢磨后亮晶晶的、硬度极高；石墨黑乎乎的，质地很软。

二者看上去相差很远，却是“同胞兄弟”——它们都是由**碳元素**组成的。只不过碳原子的结构不一样，才会让它们呈现出迥然不同的特性。

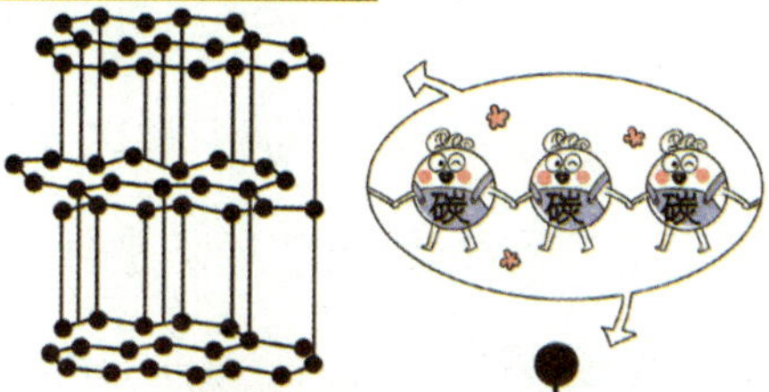

石墨六边形层状结构图

金刚石的结构中，每一个碳原子和周围的四个碳原子构成一个正四面体，在空间上形成连续、坚固的骨架结构，这是一种**立方晶体结构**，非常稳固，所以金刚石十分坚硬，不容易被破坏。

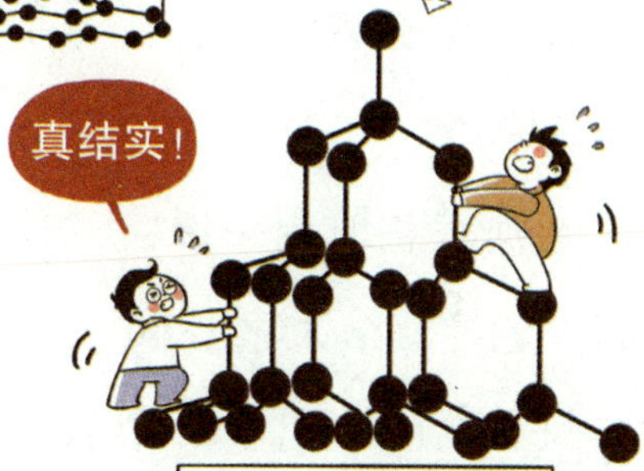

金刚石立方晶体结构图

而石墨的结构就大不相同，它是由一层一层的碳原子构成的，原子之间通过微弱的力连接在一起，层与层之间可以互相滑动，所以质地柔软，容易被破坏。

延伸思考

同素异形体

像这种由同样的单一化学元素组成，但因为排列方式不同，导致性质不同的单质，被称为“同素异形体”。如果提供充足的条件，它们可以相互转化。就像金刚石，只要隔绝空气，并将其加热到 1000℃，就能转化成石墨；但石墨要想转化成金刚石就不容易了，不但要有高温高压，还需要准备催化剂，才有可能成功。

10. 臭鸡蛋味何处来

又到了小美最喜欢的科学兴趣课时间了！今天，老师一进教室就问大家：“你们平时看到的火焰是什么颜色的？”

大家纷纷举手回答：“是明亮的黄色！”“有的是红色！”“还有一点点橙色！”

老师满意地点头说：“很好，同学们都有用心观察。今天我们的实验课，老师就给大家展示一个蓝紫色的火焰。”

只见老师拿出了一个氧气瓶，然后用角匙从另一个瓶子里取出了一点点浅黄色的粉末，放进了燃烧匙。接着，老师点燃酒精灯，开始加热燃烧匙。小美看到浅黄色的粉末好像融化了一些，还发出了淡蓝色的火焰。

这时，老师说：“注意看，我要把这个燃烧匙放进氧气瓶了。”

燃烧匙放进去的一瞬间，小美发现燃烧突然变得剧烈了，火焰也发出了明亮的蓝紫色。紧接着，小美和同学们就闻到了一股刺鼻的臭鸡蛋味。

同学们都掩着鼻子大叫：“这是什么味道，好臭啊！”

老师处理好实验用品后，笑着对大家说：“相信这个实验一定让大家印象深刻。刚才我取出的浅黄色粉末，叫作硫，而你们闻到的臭鸡蛋味，就是它燃烧后产生的二氧化硫的气味。”

知识点

硫元素的特性

硫是一种固态非金属元素，它的元素符号是S，在元素周期表的排序是第16位。硫在自然界中存在非常广泛，通常是以淡黄色晶体的形式出现。纯净的硫是没有味道的，但它的化合物，如氧化硫、硫化氢等都有刺鼻的臭味，会让人联想到腐烂的白菜或是臭鸡蛋。

从古代开始，人们就把硫作为重要的药材。古人发现用它来治疗疥疮一类的皮肤病效果非常好，直到现在，我们也用它来制作硫黄皂。除了药用，古人也用它来制作火药，硫黄就是“四大发明”中火药的主要成分之一。

现在，硫在我们的生产生活中发挥着更大的作用，如制作化肥、纸张、杀虫剂等。硫还改变了我们对橡胶的使用。最开始，人们发现天然橡胶虽然弹性好，却很容易断裂，又不耐高温，所以没有什么用处。直到人们在天然橡胶中加入了硫，硫原子能把橡胶分子互相连接起来，

这样生产出来的**硫化橡胶**具有了不易断裂又耐高温的特点，从此橡胶才被广泛地应用起来。

延伸思考

当心·硫化氢中毒

纯净的硫对我们人体通常是无毒无害的。但自然界中的硫通常以硫化物的形式存在，而这些硫化物往往含有剧毒。在这里，我们主要讲一讲最常见的硫化氢。鸡蛋坏掉时发出的臭味，其实就是硫化氢的味道，这是因为蛋白质中的硫元素，被细菌分解发酵成了硫化氢。此外，各种能够腐败发酵的地方，都会积存硫化氢，如下水道、污水池等地方。当我们少量吸入硫化氢的时候，会感到不适或者很刺鼻，如果硫化氢的浓度过高，吸入后可能会导致死亡。

11. 默默无闻的奉献者

小华的叔叔新开垦了一片山地果园，在里面种上了柑橘树。秋天到了，小华来到果园想摘点橘子吃。可当他来到果园时才发现，这片新果园的部分橘子长得不太好，果实小小的，摘一个下来剥开，水分也不足。

小华问道：“叔叔，这些橘子是生病了吗？”

叔叔说：“我们刚请了农科院的专家来帮我们诊断，不是它们生病了，是我们新开垦的这片山地，里面缺了一种重要的元素——硼。”

小华说：“我知道需要给树苗施氮肥、磷肥，可硼这种东西我还没有听说过。”

叔叔告诉小华，硼也是植物所需的微量元素之一，如果缺少硼，植物的花会发育不全，也就结不出好果子了。

叔叔安慰小华说：“不过，专家已经帮我们想好了解决方案，等明年你再来，就可以吃到又大又甜的橘子了。”

小华又问道：“叔叔，这个硼这么重要，怎么我以前没听说过呢？”

叔叔笑着对他说：“没听过不代表不重要啊，硼的作用大着呢，你可以自己去查一查资料。”

知识点

奇妙的硼元素

硼的元素符号是 B，在元素周期表上排第 5 位，是一种非常重要的非金属元素。**硼对氧具有极强的亲和力**，自然界中的硼，总是以化合物的形式存在于各种岩石中。直到 20 世纪初，科学家才得到纯净的硼。硼通常是以棕黑色的粉末和灰黑色带光泽的晶体两种形态出现，在常温下非常稳定。

硼是动植物体内不可缺少的微量元素，它会参与碳水化合物的运输和转换。植物缺硼，会影响生长发育，人体缺硼的话，也会对新陈代谢产生影响。

在日常生活中，硼是一个相当“低调”的元素，并不为大众所熟知。其实，硼在生产生活中，发挥着巨大的作用。例如，很多洗涤剂、防腐剂、杀虫剂中都有硼的化合物——**硼砂**的“身影”。硼砂还会被用来制作高温玻璃和陶瓷，含硼玻璃具有更好的耐热、耐磨、耐腐蚀的性能，而且光泽度也明显提高。利用氢、三氯化硼和钨丝制成的硼纤维，耐高温、耐腐蚀、质量轻，是制造火箭的重要材料；硼的有机化合物还会被用来黏合密封航天器的部件，既结实又轻巧。

延伸思考

比金刚石还硬的化合物

我们都知道，金刚石是自然界中最硬的物质。而由氮元素和硼元素组成的人工化合物氮化硼，可以比金刚石还硬，因此被广泛地应用于制造合金及其他的耐高温材料中。而碳与硼两种元素强强联合，形成的碳化硼，同样也是一种非常坚硬的化合物，被人们称为“黑钻石”。它还是一种中子吸收剂，在核电站中用来控制核反应分裂的速率。当年切尔诺贝利核泄漏事故发生后，人们在核电站投下近 2000 吨的碳化硼和沙子，才最终中止了堆芯上的核反应。

12. 高科技的“元勋”

妈妈下班回家，告诉了冬冬一个好消息，冬冬的舅舅在美国硅谷找到了一份新工作。

“硅谷？”第一次听到这个词的冬冬很好奇，问道，“硅谷是一个小山谷吗？”

妈妈笑着说：“硅谷可不是一个小山谷，它是美国的一个地区，那里聚集了很多美国的电子科技公司，如做手机的苹果公司、做电脑芯片的英特尔公司，它们的总部都在硅谷。”

冬冬继续问：“那为什么要叫硅谷呢？这些电子科技公司和硅有什

么关系吗？”

“问得好！”妈妈摸了摸冬冬的小脑袋，解释道，“硅，其实是一种化学元素，它是一种重要的半导体材料。早期在硅谷的电子科技公司，大部分都是从事硅芯片的设计与制造的，尤其是做微电子技术行业的公司，他们都离不开硅。慢慢地，人们就把这个电子工业集中的地区叫作‘硅谷’了。”

“原来是这样，”冬冬明白了一些，但他继续问道，“那么硅谷里会产很多硅吗？”

“这也是一个误解。”妈妈耐心地回答，“硅是一种非常丰富的元素，它广泛存在于岩石或者沙砾中，几乎所有的岩石都是硅石和各种硅酸盐组成的。我们常见的水晶、玛瑙、石英石也都是硅石。但硅谷只是一个地名，并不是硅石的产地。”

知识点

硅元素的应用

硅的化学符号是 Si，在元素周期表上排第 14 位，属于元素周期表上的**类金属元素**。硅也是一种极为常见的元素，在地壳中，它是含量排名第二丰富的元素，构成地壳总质量的26.5%，仅次于第一位的氧。

硅元素的应用在我们的日常生活中随处可见，如很多品牌的洗发露，都含有硅油（聚二甲基硅氧烷），硅油可以让头发平滑、易梳理、有光泽。我们的厨房用品，如烘焙工具、防热手套等，都含有有机硅的成分，可以让这些用品耐高温、耐细菌。

硅的原子结构决定了它具有一定的导电性。但它的导电率不及金属，导电性还可以随着温度升高而增加。因此，高纯度的单晶硅是重要的半导体材料。计算机最重要的部件——芯片的主要成分，就是由石英砂精炼出来的硅。高纯度的硅还可以做成太阳能电池，把太阳的辐射能转化为电能。未来，硅还将广泛地应用于3D打印、智能穿戴设备等新兴领域中，说它是高科技的“元勋”，一点也不夸张。

延伸思考

类金属元素的特性及半导体材料的运用

半导体是指导电性介于导体和绝缘体之间的材料。简单地说，半导体想导电的时候就导电，不想导电的时候就绝缘。半导体和我们的生活息息相关，交通指示灯、太阳能电池、各种电脑芯片，都有半导体的“身影”。电脑的大脑——芯片，就是通过一个个晶体管（一种半导体器件）的控制来进行运算的。我们可以把晶体管看作电子开关。开关打开就导电，用数字“1”来表示，开关关闭就绝缘，用数字“0”来表示。在众多电子开关的有序运行下，芯片就可以完成复杂的逻辑运算。

13. 奇妙的火焰

科学兴趣课上，老师给同学们展示了三种物质：碳粉、硫粉、红磷。等同学们看过之后，老师提问道：“大家猜一猜，这三种物质，哪一种不能燃烧呢？”

小丽说：“碳肯定可以燃烧，碳本来就是燃料。”豆豆接着说：“硫也可以燃烧，之前做过实验的，燃烧后还有臭鸡蛋味，那个味道我简直忘不了。”

那就只剩红磷了，这时同学们都把目光转向了这种比较陌生的紫红色粉末。老师说：“那我们来试试就知道了。”

老师取了少量红磷放进

燃烧匙，在酒精灯上点燃后，快速地放进了集气瓶。大家看到红磷发出巨大的黄白色火焰，同时冒出了大量的白烟。这剧烈的燃烧现象，让大家情不自禁地“哇”了出来。

“原来这三种物质都可以燃烧呀！”小丽最先说出了答案。

老师说：“没错，燃烧其实是一种剧烈的氧化反应。从某种意义上来说，这些非金属元素与氧元素算是‘燃烧’的最强搭档。”

知识点

非金属元素的氧化反应

氧化反应是指物质与氧发生的化学反应，它的本质是一个物质失去电子的过程。与之相对应的就是**还原反应**，它通常与氧化反应是同时存在的。氧化反应分为缓慢氧化和燃烧两种。对于非金属元素而言，它们的非金属性，在化学反应中通常表现为氧化性，即获得电子的能力。**元素的非金属性越强，对应单质的氧化性就越强**。

碳、硫、磷等非金属元素的氧化反应都具有反应快，有发光、发热的现象，会燃烧，有时候甚至会发生爆炸等特点。例如，碳在氧气中充分燃烧，

会发热、发出白光，生成能使澄清的石灰水变浑浊的二氧化碳；硫在氧气中燃烧，会发出明亮的蓝紫色火焰，放出大量的热，产生刺鼻的二氧化硫；红磷在氧气中燃烧，同样会发出白光，同时产生大量白烟状的五氧化二磷。

延伸思考

氧化还原反应在实际生活中的应用

氧化还原反应在我们日常生活中随处可见。例如，汽车获得动力，是因为汽油的燃烧氧化；交警叔叔检查司机是否酒驾的其中一种方法就是利用一种名为重铬酸钾的物质被酒精（乙醇）还原变色的原理。在工业生产中，运用到的氧化还原反应就更多了，各种各样的金属都是通过氧化还原反应从矿石中提炼而得到的。许多重要化工产品的制造，如合成氨、合成盐酸等，也离不开氧化还原反应。

Part 4

第四部分

气体元素变奏曲

14. 华丽的视觉盛宴

豆豆的姨妈在自来水厂工作。这天，豆豆和妈妈去自来水厂接姨妈。刚到自来水厂门口，豆豆就闻到空气中有一种奇怪的气味，而且稍微有点刺鼻。接到姨妈后，豆豆就问："姨妈，为啥我在这里闻到了一股怪怪的味道？"

姨妈说："想不到豆豆的鼻子很灵啊，你闻到的应该是氯气的味道，这是自来水厂用来消毒的一种气体。它溶解到水中后可以杀死水中各种微生物和细菌，价格还很便宜，是一种性价比很高的消毒剂。"

"绿气？"豆豆第一次听说这个词，他问姨妈："这种气体是绿色的吗？"

姨妈哈哈大笑，对他说："氯气的氯不是绿色的绿，不过你也算歪打正着说对了，这种气体确实是黄绿色的。"

豆豆说："那我怎么从来没见过有颜色的气体呢？"

姨妈继续解释道："因为氯气在自然界中几乎不存在，它很容易被氧化。有颜色的气体还有很多，你可以多去了解一下。"

知识点

辨识有色气体

我们日常生活中所见的大部分气体都是无色的，但也有几种常见的有色气体，与我们的生活密切相关。下面，我们一起来了解一下这些五颜六色的气体吧。

氯气——黄绿色

氯气的化学式为 Cl_2，在常温常压下是一种黄绿色的气体，具有强烈的刺激性气味，而且有剧毒。氯气很容易溶于水，生成**次氯酸**。这种化合物杀菌消毒的效果极好，费用也低。因此，成了自来水厂杀菌消毒的首选。

氟气——淡黄色

氟气的化学式 F_2，是一种淡黄色剧毒气体。它的化学性质十分活泼，腐蚀性非常强，而且具有很强的氧化性。氟气在我们的工业生产中有很多用途。它可以作为火箭燃料中的氧化剂，也是一种常见的冷冻剂。如果小朋友去看过牙医，就可以听到医生嘱咐我们说："要记得给牙齿涂氟哦！"这是因为氟可以帮助牙齿表面的牙釉质抵抗细菌，减少蛀牙的概率。

臭氧——淡蓝色

臭氧是氧气的一种同素异形体，化学式是 O_3。它是由大气中的氧分子受太阳辐射分解形成氧原子后，与周围的氧分子结合形成的一种气体。臭氧在气态的时候是浅蓝色，液化后会变成深蓝色，固态的时候为紫黑色。臭氧具有非常强的氧化性，人们常把它用作强氧化剂，漂白剂、杀菌剂等。

存在于平流层的天然臭氧，可以有效阻挡太阳光的辐射，保护人类和生态环境。但是如果臭氧到达近地面，会对人体健康和生态环境产生影响，引发呼吸道的疾病。

延伸思考

有害气体

有害气体分为“窒息性气体”和“刺激性气体”两类。

窒息性气体是指能引起人体缺氧的有毒气体，如氮气、一氧化碳、硫化氢等。

刺激性气体是指刺激眼睛和呼吸道的气体，吸入高浓度的刺激性气体可导致急性呼吸衰竭，在化工行业经常遇到。常见的刺激性气体有氯气、氨气、氟化氢、二氧化硫、三氧化硫等。

大多数有色气体都具有刺激性，达到一定浓度后都会对人体造成伤害，小朋友们要对有色气体提高警惕！

15. 喝完可乐就打嗝

炎热的夏天，小智踢完球后满头大汗，刚回到家就从冰箱里拿出一瓶冰镇可乐，打开一口气喝掉了大半瓶。冰凉的可乐流过喉咙，嘴巴里还有一些小气泡爆破的感觉，真是太爽了！

小智刚准备喝第二口，突然感觉一股气流从胃里涌到嗓子眼，随后一个大大的“嗝”从小智嘴里打了出来。

爸爸看到小智打嗝哈哈大笑，叫小智喝慢一点。小智问道：“爸爸，为啥我每次喝了可乐就会打嗝啊？”

爸爸说：“你知道可乐还有另一个名字叫‘碳酸饮料’吗？碳酸饮料就是利用压力，把二氧化碳溶解到糖水中，然后密封。当我们把可乐喝进肚子之后，溶解在可乐里的二氧化碳被释放了出来，这些二氧化碳又顺着我们的食道排出来，于是我们就打嗝了。”

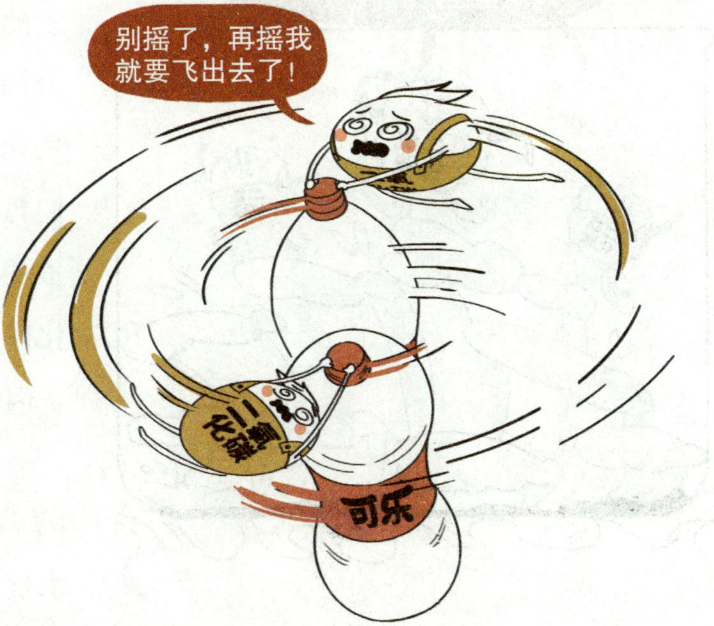

小智说：“有时候我们摇晃了可乐瓶之后，再打开瓶盖可乐就会喷出来，这也是可乐中的二氧化碳被释放出来的原因吗？”

“没错。”爸爸

点点头。

小智想了想说："那其他气体可以像这样制作碳酸饮料吗？"

爸爸说："那你要先了解一下各种气体在水中的溶解度了。"

知识点

气体的溶解度

气体的**溶解度**是指在一定的温度和压强下，1 体积水里某种气体的溶解量达到饱和状态时气体的体积。例如，在 0℃、1 个标准大气压时，1 体积水能溶解 0.049 体积的氧气，那么此时氧气的溶解度为 0.049。

通常**压强越大，气体的溶解度就越大**。例如，可乐里的二氧化碳，就是利用压力加大溶解度，让更多的二氧化碳溶解到糖水中。当我们打开可乐瓶的时候，瓶子里的压强发生了变化，二氧化碳就被释放出来，形成很多肉眼可见的小气泡。

不过，**温度越高，气体的溶解度就越小**。例如，水烧开的时候，我们也可以看到很多小气泡，这就是溶于水中的气体，由于温度升高被释放出来了。

不同的气体，溶解度也各不相同。在 100 克水中，大约可以溶解 50 克的氨气，11 克的二氧化硫，0.14 克的二氧化碳。因此，我们把气体的溶解度分为易溶、可溶、微溶和难溶四个等级。在 100 克水中，能溶解大于 10 克的气体属于易溶气体，小于 10 克大于 1 克的气体属于可溶气体，小于 1 克大于 0.1 克的属于微溶气体，小于 0.1 克大于 0 克的属于难溶气体。

延伸思考

固体和液体的溶解度

固体及液体的溶解度是指在一定的温度下，物质在 100 克溶剂里（通常为水）能溶解的最大量，我们通常用字母“S”表示。固体及液体的溶解度也可分为易溶、可溶、微溶、难溶或不溶等等级。

在日常生活中，各种溶解现象也随处可见。我们煮汤时放的盐，倒进去就不见了，其实就是盐溶解在汤水中了；用洗衣液可以把衣服上的油点子洗干净，是因为油在洗衣液中被溶解了。

想要加快物质的溶解，我们通常可以使用三种方法：第一是搅拌，如放一点白糖在水中，快速搅拌，就可以加速白糖的溶解；第二是加热，大部

分情况下，温度越高，物质也就溶解得越快；第三是研磨，物质研细后增加了接触面积，也可以加速溶解。

16. 燃烧与呼吸的奥秘

爷爷的哮喘病发作了，阳阳跟着爸爸去看望他。只见爷爷躺在床上，一根连着机器的塑料管子放在他的鼻子附近。

阳阳问爸爸："爷爷这是怎么了？"

爸爸说："爷爷经常觉得胸闷气短，医生说可以让爷爷吸一点氧气，这样会让他舒服一点。"

阳阳说："我记得老师说过氧气对呼吸很重要。"

爸爸点点头说："是的，氧气和二氧化碳在我们的肺部进行气体交换，这就是呼吸的过程。爷爷的肺部功能衰退，所以要吸入比空气中浓度大一些的氧气，才能缓解身体缺氧的状态。"

阳阳想了想说："不喝水，我们还可以活几

天，但没有氧气不能呼吸，我们几分钟都撑不了。”

爸爸补充说：“是的，其实我们的呼吸和物质的燃烧，都是一种氧化反应，氧对我们来说，真的很重要。”

知识点

氧元素的特性

氧元素的化学符号是 O，在元素周期表中排第 8 位。它是在自然界中分布最广的元素，大约占了地壳质量的 49%，空气质量的 21%。它的化学性质很活泼，能与大部分的元素发生氧化反应。

氧气是由氧元素组成的一种气体，它的化学式是 O_2。它无色无味，但对人类至关重要。它是我们人体新陈代谢的关键物质。如果没有氧气，我们的一切代谢活动就会马上停止。医学数据显示，对人停止供氧 4 分钟，约有 50% 的人能够得救；若停止供氧 6 分钟以上，则只有 4% 的人能幸存。

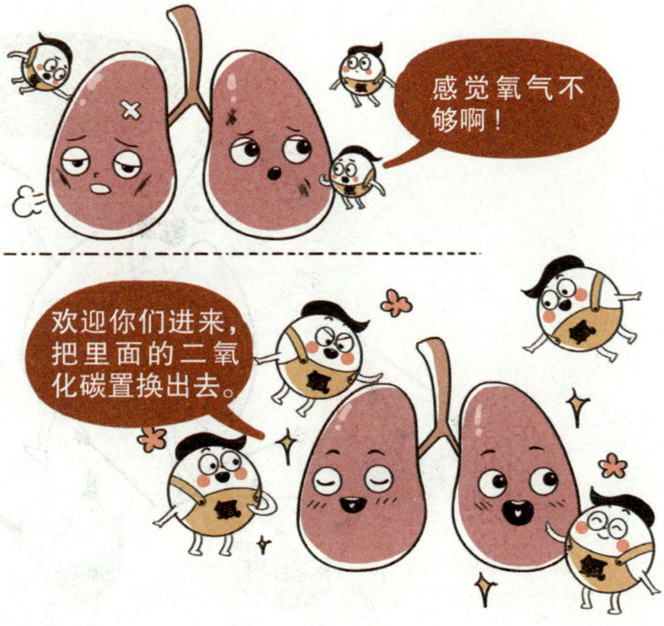

氧在我们的生产生活中运用非常广泛。例如，工人在炼钢的过程中，就需要吹入高纯度的氧气；

通过氧化反应可以清除钢材中的磷、硫、硅等杂质，产生的热量还可以帮助维持炼钢所需要的温度；氧与乙炔、丙烷等可燃气体配合使用，可以用于切割金属；液态氧还被用于火箭发射，是一种主流的液体燃料。

延伸思考

氧气吸入越多越好吗

虽然氧气对我们至关重要，但并不是吸入氧气越多就越好。当氧气吸入过多时，会导致氧中毒。过多的氧进入人体后，会产生一种叫作氧自由基的游离基，它们会在人体内到处流窜，攻击和杀死各种细胞，导致细胞和器官的代谢和功能障碍，损伤我们的视觉器官和呼吸系统，严重时甚至会导致死亡。这种情况最常发生在长时间潜水的潜水员身上。因为种种原因吸氧的人群也需要注意，吸氧一定要在医生的指导下进行。

太有意思了！生活中的化学

纯净物与混合物篇

葡小果◎编著

航空工业出版社
北京

内容提要

本书是一套专门为小学生定制的趣味化学读物。全书共 6 册，内容涵盖化学中的微粒、元素、纯净物与混合物、化合物、酸和碱以及多种化学反应。作者结合生活实际，以故事的形式，将化学知识系统地融入日常生活场景中，用通俗易懂的语言分析生活中的化学现象。书中还配有大量充满童趣的漫画，能够为孩子的阅读带来更多的乐趣。

图书在版编目（CIP）数据

太有意思了！生活中的化学．纯净物与混合物篇 / 葡小果编著．-- 北京 ：航空工业出版社，2023.7

ISBN 978-7-5165-3375-8

Ⅰ．①太… Ⅱ．①葡… Ⅲ．①化学—青少年读物 Ⅳ．① O6-49

中国国家版本馆 CIP 数据核字（2023）第 100995 号

太有意思了！生活中的化学·纯净物与混合物篇

Tai Youyisi le!Shenghuozhong de Huaxue.Chunjingwu Yu Hunhewu Pian

---

航空工业出版社出版发行

（北京市朝阳区京顺路 5 号曙光大厦 C 座四层　100028）

发行部电话：010-85672688　010-85672689

三河市越阳印务有限公司印刷　　全国各地新华书店经售

2023 年 7 月第 1 版　　2023 年 7 月第 1 次印刷

开本：787×1092　1/16　　字数：43 千字

印张：3.5　　定价：150.00 元（全 6 册）

Preface

前言

化学，对于还没有系统地学习过它的孩子来说，可能会感到很遥远、很陌生。可事实上，我们的生活中处处有化学的影子，很多孩子感兴趣却又无法理解的问题都能用化学的相关知识来解答。

迄今为止，人类已经发现的化学元素有 118 种。各种化学元素构成了地球上的万物。认识化学元素、了解它们的基本性质，是孩子学习化学的入口，也会让他们发现化学的奇妙，领略化学的魅力。

我们每天会接触到各种物质，有的是纯净物，有的是混合物，可要想把它们区分开来，却不是一件容易的事情。像纯净水、纯牛奶虽然带“纯”字，却不是纯净物；冰和水混合后，还是同一种物质，所以是纯净物；生铁与铁虽然只有一字之差，却并不是一回事。

苹果切开后为什么会变色？吃菠萝后舌头为什么又麻又痛？萤火虫为什么会发光？蜡烛燃烧为什么会冒黑烟？到了秋天树叶为什么会变色？“暖宝宝”为什么能够持续发热？……不知不觉中，化学反应正在悄然发生。

切洋葱为什么会流眼泪？食盐放久了为什么会“返潮”？馒头为什么越嚼越甜？不锈钢栏杆为什么会长出铁锈？银饰戴久了为什么颜色会变暗？……了解了化学背后的奥秘，孩子才会知道身边看似寻常的现象其实非常神奇和有趣。

这套书就像一位睿智、可爱的向导，带领孩子们从生活中常见的现象出发，学习有关元素、微粒、纯净物与混合物、酸和碱、化合物以及化学反应的知识和原理。

全书故事通俗易懂，漫画生动有趣，符合孩子的阅读习惯，一定会给他们带来妙趣横生的阅读体验，也会让他们对学习化学产生浓厚的兴趣，从而为未来的化学学习打下良好的基础。

Contents

目录

01

身边的纯净物 VS 混合物

02

饮食里好玩的混合物

03

和溶液一起玩游戏

04

分离混合物的“高招”

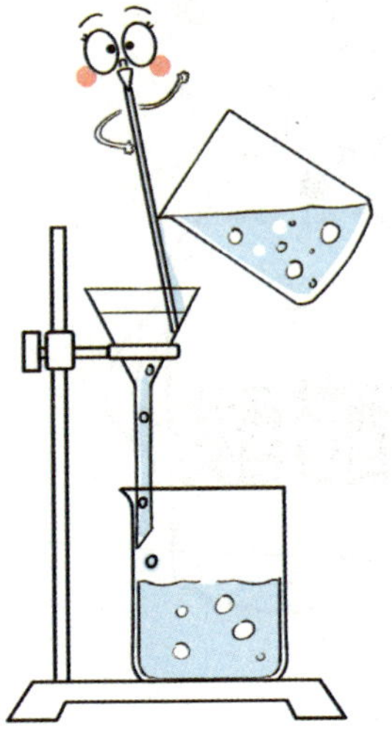

Part 1

第一部分

身边的纯净物 VS 混合物

1. 空气是纯净物还是混合物

一大早，小莉和爸爸去公园晨跑。小莉做了一个深呼吸，惬意地喊道：“早晨的空气可真新鲜啊！”“小莉，你知道空气是由什么气体组成的吗？”爸爸边做运动边问道。

“咦？空气难道是由很多气体组成的吗？我们呼吸的空气，不就是氧气吗？”小莉疑惑地反问道。

爸爸一边拉伸，一边告诉小莉：“其实啊，很久以前科学家们也和你的想法一样，以为空气的成分是单一的，以为空气就是氧气。后来有一个法国科学家拉瓦锡，他通过实验，发现空气是混合物，主要由氮气和氧气组成。再后来，科学家又发现，空气里面还有稀有气体、二氧化碳以及其他物质，比如水蒸气、杂质等。”

“哦！原来新鲜的空气也是混合物啊……那我们吸进去的不只是氧气了？”小莉好奇地问。

“没错，我们吸入的是空气，但是只有氧气参与我们呼吸系统里的气体交换，其他的都消散掉了。”爸爸耐心地解释着。

“那我们人类每天都需要氧气，地球上的氧气够用吗？会变少吗？”小莉有点担心地说。

知识点

空气的成分

在化学中，物质分为纯净物和混合物。由一种物质组成的是**纯净物**，而由两种或两种以上的物质混合而成的就是**混合物**。空气是多种气体的混合物，它分为恒定组成部分和不定组成部分。其中恒定组成部分为氧气、氮气、稀有气体，不定组成部分为二氧化碳和水蒸气及其他杂质。

各种气体在空气中所占的比例是不同的，其中氧气约占 20.95%，氮气约占 78.09%，稀有气体约占 0.932%。二氧化碳约占 0.034%，水蒸气和其他杂质约占 0.02%。

不过，空气成分的比例也会随着环境、地区的改变，发生一些变化。比如，化工类工厂多的地方，空气中二氧化硫、氯气的含量就会升高。

延伸思考

据世界卫生组织统计，全球每年约有 700 万人死于空气污染。酸雨、雾霾及很多极端天气的产生，罪魁祸首都是空气污染。

那么，空气污染的主要来源究竟有哪些呢？

自然界本身会产生一些污染，比如火山喷发带来的火山灰颗粒和一些硫化物、森林火灾燃烧产生的污染，海浪飞沫带来的硫酸盐和亚硫酸盐等。

除了自然界以外，我们人类对空气污染也有不可推卸的责任：

我们的工厂排放了大量的废气、废水；

人类生产、生活中燃烧煤炭，释放大量的烟尘、二氧化硫、一氧化碳等；

城市交通中汽车、火车、飞机产生的尾气排放；

农业生产中燃烧秸秆等不当操作……

这些都会造成空气污染。

小朋友，请你想一想，我们能为减少空气污染做些什么呢？

2. 蒸馏水、纯净水、矿泉水的 PK

小雅和妈妈一起去超市购物。

小雅本想买一瓶矿泉水，可仔细一看，却发现货架上的水竟有很多种类，有矿泉水、纯净水、矿物质水、天然水……还有蒸馏水。

小雅看了看水的包装，发现它们的宣传都很让人心动：纯净水号称是“更干净的水”，不含杂质，不含污染物；矿泉水含有微量的矿物质，似乎对人体也很有好处……该选择哪一种呢？小雅犹豫不决。幸好妈妈走了过来，帮她做了决定，拿走了一瓶蒸馏水。

离开超市后，小雅心中还有不少疑惑，她很想知道妈妈的选择是否正确，到底哪一种水才是真正健康的，适合长期饮用的，你能告诉她答案吗？

知识点

水的纯净物与混合物

自然界中的水都不是纯净的，里面常常含有钙、镁、铁等矿物质，

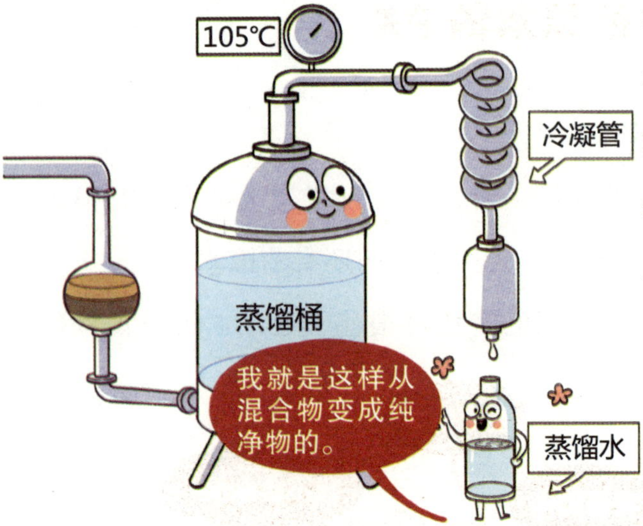

还含有有机物、微生物，甚至氧气、二氧化碳等气体也会溶解在里面，所以没经过特殊处理的天然水不适合直接饮用。

纯净水，名字听上去很“干净”，可它实际上还是混合物，只不过是把天然水经过多道工序处理、提纯、净化，去除了对人体有害的杂质、细菌等得到的水，所以可以直接饮用。

矿泉水是指从地下深处自然涌出或者是经人工采集的、未受污染的地下矿水，里面含有一定量的矿物盐、微量元素或二氧化碳气体，也是一种混合物。

至于**蒸馏水**，是经过多次蒸馏、冷凝处理得到的水，已经完全去除了杂质，其中只含有H_2O分子，所以是一种纯净物。

延伸思考

哪一种水“最健康”

蒸馏水虽然去除了天然水中的污染物和杂质，但同时去除了对人体有益的矿物质。如果在短期内喝蒸馏水，对健康影响不大；可要是长期喝蒸馏水，就会让人体缺少必要的矿物质，容易引发各种疾病。

同样，纯净水杂质相对较少，但因为不含或含有较少矿物质，也不适合长期饮用。那么，矿泉水是不是最好的饮用水呢？答案也是否定的，因为人工添加矿物质的水可能会有镁离子、钾离子过多的问题，长期饮用会让人体积累过多的矿物质，这些矿物质又要通过肾脏以尿液的形式排出体外，会给肾脏增加很多负担，特别是肾功能本来就不好的人，更不应当长期喝矿泉水。

3. 大理石的花纹里面藏着什么

周末，昊昊和爸爸妈妈一起去建材市场，为新家的装修选建材。昊昊跟着爸爸妈妈转了一大圈，突然放慢脚步停了下来，原来他被大理石瓷砖吸引了。

琳琅满目的大理石瓷砖整齐地悬挂在墙面上，像一幅幅美丽的画儿。

昊昊发现，大理石的花纹千姿百态：有的像流水一样，顺直流畅；有的像天空飘浮的云团；有的则像大海拍打岩石时的白浪花；还有的像冰面裂开一样。不同的纹路还夹杂着不同的颜色……真是让人叹为观止。

昊昊伸手摸了摸，大

理石十分坚硬，根本不会变形，而且表面光滑，纹路清晰可见。

昊昊好奇地问："这些美丽的纹路是怎么形成的呢？大理石的花纹里藏着什么不一样的东西吗？"

店里的叔叔告诉昊昊，这些美丽的纹路其实是不同的矿物质。

不同的矿物质？那么大理石就是有很多矿物质的石头吗？但它为什么叫大理石呢？这里的"大理"是我们国家云南大理那个地方吗？昊昊的问题越来越多……小朋友，你能为昊昊一一解答吗？

知识点

大理石的主要成分

首先，我们来说说大理石为什么叫作"大理石"。正如昊昊猜测的那样，有一种说法认为在我国云南大理有一种白色带有黑色花纹的石灰岩，切开后看到的花纹就像一幅天然的水墨画，后来人们开始竞相寻找这种石头，"大理石"的美名便由此而来。

大理石其实是一种**石灰岩**，主要成分是**碳酸钙**（$CaCO_3$）。

在地壳中，石灰岩在高温高压的作用下变软变形，其中有一些矿物质比如方解石、白云石也随着发生变化，重新结晶后就形成现在的大理石。

大理石含杂质(矿物质)时，就会呈现出美丽的花纹。如果不含杂质，大理石就是纯白色的，被称为汉白玉。

延伸思考

如何辨别大理石的真假

大理石拥有美丽的花纹，常被人们用来作为装饰材料和建筑材料，尤其是用在室内的墙壁、地板的拼贴上。但因为很多不良商家会用低成本的人造大理石来“滥竽充数”，所以我们要学会用下面这些简单的办法来鉴别大理石的真假。

第一个办法是“看”。我们观察天然大理石的表面，会发现上面的纹理是没有规律和规则的，是自然天成的；而人造大理石则是颗粒均匀、花纹规则，而且有明显的机械加工的痕迹。

第二个办法是“听”。天然的大理石，声音清脆悦耳，因为它的内部紧密，没有比较明显的裂痕。而人造大理石敲击声则显得粗、重。

第三种办法是“实验”。我们可以用几滴稀盐酸来检测。石灰岩的主要成分是碳酸钙，天然的大理石遇到盐酸会发生化学反应，而人造大理石因为添加了很多抗酸抗腐蚀成分，不会发生任何反应。

4. 透明的玻璃是混合物吗

今天下午是学校每周例行一次的大扫除。

小优所在的小组和亮亮所在的小组正在比赛擦玻璃。小优擦好了一扇后，欣赏着自己的成果：玻璃清透明亮，外面的景物清晰可见，仿佛没有东西阻隔似的。

小优不禁惊叹起来："玻璃这么透亮，一定是纯净物，里面一点杂质都没有！"

小亮在一旁表示不同意："它里面肯定加了什么东西，才变得这么透亮的！你想想，水也不是纯净物，可也是透明的；空气也是混合物，只不过我们肉眼看不到而已。"

小亮的说法虽然听起来很有道理，可是小优还是满满的疑惑，透明的玻璃究竟是不是混合物呢？如果是，里面又有哪些成分呢？

知识点

玻璃的成分

其实，玻璃虽然是透明的，却的的确确如小亮所言，是混合物。玻璃是一种硅酸盐材料，在工业生产中通常用**石英砂、石灰、石灰石**按一定质量比混合，经过高温炼制而成。

其中石英砂是无色半透明状的颗粒，主要成分是**二氧化硅**（SiO_2），二氧化硅本身就是一种无色透明的无规则结构的非晶态固体，在高温熔融时会和石灰石一起，形成连续网络结构，冷却过程中会因黏度逐渐增大。迅速冷却后，形成玻璃，保留了内部的液态结构。

而我们通常所说的“透明”，是因为普通玻璃没有自由电子，不会屏蔽反射光子，可见光就可以穿透；不过对于红外线和紫外线，玻璃就是不透明的了，因为它可以吸收这些光。

延伸思考

“高科技”玻璃

除了日常应用，人们还发明了各种各样的“高科技”玻璃。

“不会碎的玻璃”。这种玻璃是用玻璃纤维复合材料制成的，被称为有机玻璃，被穿透时不会产生裂纹或碎片，可以用来制作防弹玻璃或者防爆玻璃。

“可调温玻璃”。这种玻璃可以调节室内的冷热。天冷的时候，它可以将暖气送到玻璃夹层中，通过气孔散发到室内。而天热的时候，则改为送冷气。如果这种玻璃可以用于建筑中，那么将会带给取暖制冷电器界巨大冲击。

“超薄玻璃”。德国科学家制造了这款厚度只有 0.003 毫米的玻璃，这么薄的玻璃会用在哪里呢？原来，这是一种在专业领域应用的玻璃，主要用于光电子学、生物传感和计算机显示屏等科技领域。

5.“不锈钢”也会生锈

几个月前，小伟家的阳台上安装了防盗窗。防盗窗的材质是不锈钢的，刚安装好的时候，栏杆是银白色的，在阳光的照耀下熠熠生辉。

从那以后，小伟就多了一个活动的“小天地”。做完作业后，他会到阳台上读书、看报，也会细心地打理盆栽。他在防盗窗上放了一块长搁板，把盆栽放在上面，以便植物能更好地接收阳光。他每天都会来给植物浇水，有时还会拿起小铲子，给植物松松土。在这个过程中，土壤、花肥或水难免会粘在防盗窗上，但他却没有在意，也没有好好擦拭过栏杆。

这天，他又来阳台照顾植物，却发现靠近花盆的栏杆上出现了一些锈斑，很难看。

小伟感到很不可思议，赶紧喊爸爸来看："不锈钢是不会生锈的。我们是不是上当了，买到了假货？"

爸爸仔细检查了一番后，明白了原因，并对小伟说："谁说不锈钢不会生锈呢？这些锈斑的形成和你的行为有很大的关系啊。"

"啊！这到底是怎么回事？"小伟摸着脑袋，陷入了沉思……

知识点

不锈钢是什么

不锈钢的名字会让人产生误解，觉得它是永远都不会生锈的，可事实并非如此。不锈钢是一种混合物，钢本身就是以铁和碳为主要元素的合金，不锈钢除了钢以外，还混合了铬、镍、锰、氮等元素。它的表面还有一层极薄却坚固细密的**富铬氧化膜**，可以防止氧原子和金属直接接触，起到保护作用。

可这层氧化膜要是遭到了破坏，里面的金属表面接触到空气或液体时，就会发生反应形成**氧化铁**，也就是小伟看到的点点锈斑。氧化膜被破坏的原因有很多种，比如有的地方气候潮湿，暴露在空气中的不锈钢表面

常常会有水膜或水珠，再遇到大气中的有害杂质，会形成电解液，从而破坏氧化膜引起锈蚀。

小伟家的不锈钢防盗窗生锈，主要就是因为栏杆上经常黏附着土壤、花肥等，其中的有机物和水、氧气发生化学反应，破坏了不锈钢的氧化膜。

延伸思考

保护不锈钢用品的方法

既然不锈钢也会生锈，那么我们在生活中就要做好养护工作，让氧化膜能够更好地发挥作用，使不锈钢用品更加美观、耐用。

在日常生活中，我们可以这样做：

我们平时要经常清洁擦拭不锈钢用品，去除上面的脏污；如果天气比较潮湿，可以用干布把不锈钢表面的水膜、水珠轻轻擦掉；尽量让周围环境保持干燥，也可以大大延缓不锈钢的生锈速度。

如果不锈钢用品已经生锈，我们可以用棉布蘸上一些白醋或柠檬汁，反复多次擦拭生锈的地方，让其中的醋酸或柠檬酸与铁锈的主要成分氧化铁发生化学反应，就能起到去锈的效果了。

Part 2

第二部分

饮食里好玩的混合物

6. 纯牛奶一点都不纯

莉莉非常喜欢做甜品，她每周末都要跟着网络视频，学习制作几样“饭后甜点”。今天要做的是：蛋挞。

她检查了一下自己的食材：有蛋挞皮、鸡蛋，对了！还需要纯牛奶。

莉莉打开冰箱，拿出一盒纯牛奶。她仔细查看包装信息，忽然像发现新大陆一样喊妈妈：“妈妈！纯牛奶怎么一点也不纯呢？”原来她在牛奶的包装盒上发现，虽然纯牛奶的配料只有生牛乳，但却包含多种营养成分。

既然不是纯净物，为什么叫“纯”牛奶呢？这不是骗人吗？莉莉有些气愤又有些不解。

妈妈告诉莉莉：“其实在商业上，有且仅有生牛乳一种原料的牛奶才被叫作纯牛奶，这里的“纯”指的是原料纯正单一，只有生牛乳。它这样命名也只是为了区分其他调制乳，并不是说纯牛奶就是纯净物。”

那么纯牛奶的成分究竟是什么呢？

知识点

牛奶的成分

纯牛奶的主要成分是**生牛乳**，就是新鲜的牛奶。**新鲜的牛奶本来就是混合物，主要是由水、脂肪、溶解的矿物质、蛋白质等组成**。这么多营养素在里面，怎么可能是“纯”的呢?

这些不同的营养物质在牛奶中的比例不同。有研究者发现，牛奶中含量最多的是水（约占87.5%），然后依次是乳糖（4.6% ~ 4.8%）、脂肪（3.5% ~ 4.2%）、蛋白质（2.8% ~ 3.4%）、无机盐（约0.7%）。牛奶中还含有丰富的矿物质，包括钙、磷、铁、锌、铜、锰、钼等。

延伸思考

全脂牛奶、低脂牛奶、脱脂牛奶怎么选?

当我们进入超市的时候，经常会被琳琅满目的牛奶类商品迷乱了双眼，因为即便是纯牛奶，也被分为了全脂牛奶、低脂牛奶和脱脂牛奶。那么，面对这些牛奶，我们该怎么选呢?

从名称上来看，全脂、低脂、脱脂，都是围绕脂肪含量来命名的。顾名思义，三者的脂肪含量是不同的，全脂最高、低脂其次、脱脂最低。

所以，选择什么样脂肪含量的牛奶就要根据个人需求而定了。

全脂牛奶中含有很多脂溶性维生素，包括维生素 A、维生素 D、维生素 E、维生素 K 等，这些都是对孩子身体生长发育有利的营养元素。另外，脂肪是牛奶香气的主要来源，所以全脂牛奶营养成分高、香味更浓。

不过，由于脂肪会使人变胖且含有胆固醇，所以对肥胖、心脑血管病人非常不友好，因此低脂牛奶、脱脂牛奶应运而生。人们可以根据自己的身体状况选择具有低热量、低脂肪、低胆固醇的低脂牛奶或脱脂牛奶。

7. 炒菜时为什么会有油烟

老师告诉雯雯，今天的劳动实践课作业，是回家跟妈妈学做一道菜：西红柿炒鸡蛋。雯雯一听，心想：这作业还不简单？妈妈的手艺堪比饭店大厨，稍微指点一下，我就一定能做出一道色香味俱全的西红柿炒蛋！

雯雯回到家，看到妈妈正在厨房备菜，赶忙要求加入，正式成为“私家小厨”。雯雯先按照妈妈的指点进行备菜：切好西红柿、打好鸡蛋液，准备好调味料和葱、姜、蒜等香锅小料。

“好了！开始吧！”雯雯妈妈在一旁发布炒菜启动命令。

雯雯问：“妈妈，先放西红柿还是先放鸡蛋呢？”

“先开火放食用油。”妈妈哭笑不得，帮雯雯打开燃气灶开关，热锅。雯雯拿起油壶，小心翼翼地倒油。没过一会儿，已经有一些油烟从锅的沿边冒出，妈妈让雯雯赶紧放鸡蛋液，刺啦一声，鸡蛋液下锅后，油烟更大了，呛得雯雯转身咳嗽。

刚盛出鸡蛋，西红柿又要下锅，又是一阵油烟……

终于做好了，雯雯端着自己的成品，不免感叹：炒菜可真是不容易啊！不仅要把握火候，还要沉浸在“油烟”中……

雯雯听着厨房里抽油烟机

的声音，看着妈妈在油烟中颠勺的样子，不禁有些担心：炒菜时为什么会有油烟呢？难道是食用油里有什么产生油烟的成分吗？

一个又一个的问号在雯雯的脑袋里冒出来……

知识点

食用油的成分

我们日常的食用油，油桶上都会贴有营养成分表。细心的你仔细查看一下标签，会发现食用油 99% 的成分是**脂肪**。

我们炒菜时，**食用油里的脂肪受热，会产生大量热氧化分解物**。这些分解物里有许多挥发性物质，其中大多数是有毒物质。

厨房油烟与炒菜时油的温度有直接的关系，当油加热超过 200℃时，就会生成**丙烯醛**，它具有强烈的辛辣味，能形成油烟，对鼻、眼、咽喉黏膜有较强的刺激作用，可引起鼻炎、咽喉炎、气管炎等呼吸道疾病；当油温超过 300℃时，除了产生丙烯醛外，还会产生**凝聚体**，导致人慢性中毒，是呼吸系统和消化系统癌症的元凶。

延伸思考

如何避免油烟危害？

既然炒菜时油温与产生油烟有关，那么控制油温是非常重要的。不要使用过高的油温，尤其不能超过 200℃。那么怎样才能知道油温大概到了什么温度呢？最简单的测试工具就是：筷子。

我们选用木筷子，把筷子浸入油锅中，如果油温在 120 ~ 140℃（三四成热），油的表面平静，不冒烟。如果筷子开始起轻微小泡，那么油温有 150 ~ 160℃（五六成热），还会微冒青烟。如果筷子放入油锅中，周围立刻起大量的油泡，那么油温就已经高达 180 ~ 210℃（七八成热）了。

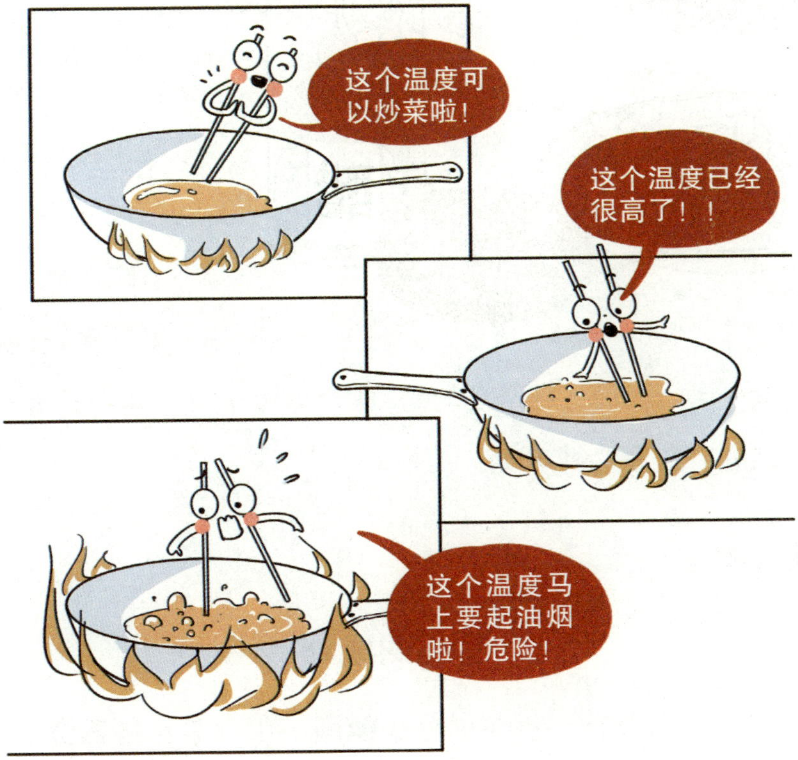

8. 醋为什么不能结冰

又到了腊八。北方人在腊八这一天，有腌制腊八蒜的习俗。这不，小杰刚放学就在帮妈妈剥蒜，准备腌制腊八蒜。

他和妈妈一起把剥好的蒜放进空瓶子里，然后往瓶子里倒满了醋，让醋完全覆盖了白白的蒜瓣。这时，小杰发现还有几瓣多出来的蒜，他灵机一动，用盘子盛了点水，准备让蒜瓣“继续”在水里生长。

小杰把腊八蒜瓶和水培蒜都放在了窗台上。

夜里，雪花纷纷飘落，窗户玻璃上都结了一层冰花。第二天一大早，小杰来到阳台就大喊起来：“妈妈！我种的蒜被冻住了！”只见小杰昨天放水培蒜的盘子里，水直接结冰，把蒜给“冻”得一动不动了。可奇怪的是，腊八蒜瓶子里的醋却丝毫不受影响，竟然没有结冰！这是为什么呢？

知识点

食醋的成分

食醋是一种混合物，主要成分是**醋酸**，化学名称是**乙酸**，化学分子

式为 CH_3COOH，含量约为5%。这种混合液体的凝固点是零下十几摄氏度，所以即使冬天温度低到零下十摄氏度，醋也不会结冰。

纯的无水醋酸，常温时是无色的液体，有强烈的刺激性气味。它的凝固点是16.6℃，所以当温度低于16.6℃时，醋酸就会变成固态的无色晶体，因此也被我们叫作冰醋酸。

另外，一定要了解清楚醋酸和“醋酸溶液”之间的区别哦！

延伸思考

当醋遇到小苏打

有人做过一个趣味实验，往塑料瓶里倒入适量食醋（主要成分为醋酸），然后用漏斗或吸管往气球里添加适量小苏打，最后把气球套在塑料瓶口处，慢慢扶正气球，让里面的小苏打与食醋接触。这时候，你会发现气球被“吹”起来了。这是因为，食醋的主要成分醋酸和小苏打（碳酸氢钠）会发生剧烈的化学反应，产生大量无色气泡，即二氧化碳。

两者化学反应的方程式为：

$$CH_3COOH+NaHCO_3 = H_2O+CO_2\uparrow+CH_3COONa$$

生活中还有很多利用醋和碳酸盐类物质发生化学反应的趣事儿。比如，我们卫生间的马桶、淋浴间墙面时间一长就会出现水垢，其主要成分就是不溶于水的碳酸盐类。这时候用白醋刷洗，白醋中的醋酸会和碳酸盐反应，生成二氧化碳气体和可溶于水的醋酸钠，水垢就被轻松去除了。

9. 红糖为什么是这种颜色

豆豆放学回到家，正好碰到奶奶要出门。

原来奶奶要做红糖芋圆，家里没有红糖，她想去超市买红糖。豆豆看着渐渐阴沉的天，对奶奶说：“奶奶，买红糖的事情包在我身上！您回去吧！”

豆豆放下书包就向离家不远的小超市跑去了。来到超市的调味品区，各种各样的糖摆满了货架：白糖、白砂糖、黄糖、方糖、红糖、赤砂糖……

红糖的颜色在其中尤其明显，但它不是像名字那样“红红的”，而是有点红褐色。不过不同袋子里的红糖，颜色也不完全一样，有的偏深，有的偏浅。

“咦？为什么同样都是糖，会出现不一样的颜色呢？白糖晶莹剔透，而红糖的颜色却各有各的不同……”

豆豆虽然心里有一大推问号，但还是先选了一种红糖带给奶奶。

回到家中，奶奶打开红糖袋子，用勺子挖了一块儿红糖，加入煮沸的水中，不一会儿红糖就溶解了，奶奶又把切好的芋头块放入水中，小火焖煮……

豆豆趁机舀了一勺红糖水，糖水透亮，并不浑浊，而且喝起来味道甜甜的。这让豆豆更疑惑了：白糖是甜的，红糖也是甜的，可它们却有不一样的颜色，这是为什么呢？

知识点

红糖的成分

红糖和白糖一样，都是由甘蔗汁熬制而成的。将甘蔗进行压榨、过滤后，得到蔗糖的水溶液，然后再经过蒸发、浓缩、冷却等工序，就会

有红棕色略带黏性的红糖析出，只不过白糖又经过了纯化与脱色，所以呈现出不同的色泽。

甘蔗汁中含有大量的糖分和氨基酸，而氨基酸会和空气中的氧气发生氧化反应而使糖变成有色的，**这就是熬制过程中发生的"褐变反应"，也是红糖之所以是红色的原因所在。**

在化学中，糖分为**单糖**、**二糖**和**多糖**。

红糖最主要的成分是二糖里的蔗糖：$C_{12}H_{22}O_{11}$。红糖中的蔗糖成分平均在 82.5% 左右。

顺便说一句，糖类的另一个名称叫作"碳水化合物"，因为生物化学家在先前发现某些糖类的分子式可写成 $C_n(H_2O)_m$，所以认为糖类是碳和水的化合物，但是后来的发现证明许多糖类并不合乎其上述分子式，如：鼠李糖（$C_6H_{12}O_5$）。而有些物质符合上述分子式但不是糖类，如甲醛（CH_2O）等。

延伸思考

红糖颜色越深越好吗？

在故事中，豆豆在超市看到了颜色不同，深浅不一的红糖，那么是什么原因导致了红糖颜色的不同呢？是不是颜色越深红糖品质越好呢？

其实，红糖的功效和颜色深浅没有直接的关系。引起红糖颜色差异的原因有很多，比如：

加工工艺的不同，真空浓缩熬制的红糖颜色比常压熬制的颜色要淡。

熬制时的温度不同，温度越高、时间越长，颜色越深。

红糖含有的水分会影响红糖的颜色：水分含量高于 5% 时，颜色更深，而水分含量在 1% 时，则呈现橘黄色。

有时候原料的品质也会影响颜色。因为不同甘蔗品种含有的氨基酸成分不同，所以熬制的红糖颜色和香味也会有差异。

因此，不能仅仅以红糖颜色的深浅来判定红糖的好坏。红糖呈现浅黄色、橘黄色、金黄色、黄褐色、红褐色、深褐色都是正常的。

10. 面粉为什么会爆炸

今天是奇奇的生日，奇奇的朋友们准备一起做一个生日蛋糕来为他庆祝生日。

刚开始，他们还按照制作蛋糕的步骤一步一步小心翼翼地制作着。不一会儿，小朋友们觉得无聊，竟然玩起了面粉游戏，一会儿往脸上擦一点，一会儿像天女散花一样撒得到处都是！

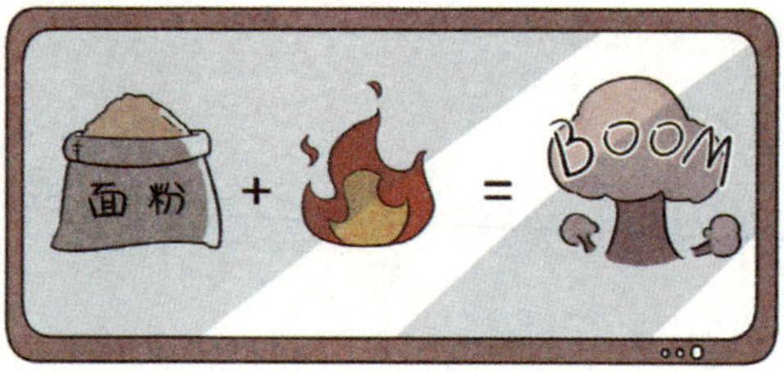

这时，奇奇妈妈发现并制止了“玩面粉”的游戏。

奇奇妈妈非常严肃地告诉他们，玩面粉可真不是一件“好玩儿”的事情，因为面粉遇到厨房等有明火的环境会“爆炸”！

奇奇妈妈给他们看了一段网上的实验视频：点燃一根蜡烛，在蜡烛上方随意挥撒些面粉，结果小朋友们都“哇”的一声，原来随着面粉的撒落，蜡烛的火焰突然蹿上来很高！

这还只是一个小火苗和一点点面粉，如果是大量的面粉……结果真是不堪设想！

奇奇想不通：面粉为什么会爆炸和燃烧呢？

知识点

面粉的成分

面粉的主要成分是淀粉、脂肪、蛋白质和矿物质。其中，淀粉含量高达 70% 以上。淀粉是一种**碳水化合物**，还是一种**可燃物**。

在不密封的空间里，面粉一般是不会爆炸的。但是如果是封闭空间，面粉颗粒在空气中达到一定浓度时，遇到明火，就会爆炸。再加上空气中的氧气会起到助燃的作用，爆炸之后还容易发生火灾。

所以在厨房这种空间较小、通风较差的地方，面粉一定要封袋放好，避免危险的发生。

面粉在灼烧后留下的灰烬叫作**灰分**。我们可以通过检测灰分含量来判断面粉的品质，灰分含量越高，通常表明面粉品质越差。

延伸思考

如何区分高筋面粉、中筋面粉、低筋面粉？

走进超市，我们选购面粉的时候会发现即使是面粉，都有非常细致的区分：高筋面粉、中筋面粉、低筋面粉。其实这样的分类是根据面粉中蛋白质的含量来区分的。

蛋白质含量最高的要属高筋面粉，含量在 12.5% ~ 13.5%，也叫作强筋面粉。这种面粉光滑，手抓不容易成团，主要用来制作面包，口感有韧性。

中筋面粉的蛋白质含量稍低，在 10% ~ 12.2%，呈乳白色，松散又有一定的黏合力，超市中没有特别强调或标注的，一般都是中筋面粉。也是我们用得最多的一种面粉，通常我们用中筋面粉来制作馒头、包子、饺子、面条等。

低筋面粉，是蛋白质含量最低的一种面粉，大约在 8.5% 以下，因为蛋白质含量低、筋度低，所以弹性弱、制作出来会比较蓬松，一般用来制作蛋糕、饼干等甜点。

由此我们可以发现，“筋”的高低，决定了面团是否有韧性，筋越高，面团韧性越高，吃起来越有嚼劲，反之就越绵软。

Part 3

第三部分

和溶液一起玩游戏

11. 杯子里的“彩虹雨”实验

今天的科学实验课上，老师给大家演示了一个神奇的实验——“彩虹雨”。瑞瑞非常感兴趣，决定回到家中自己再做一遍。

这个实验听起来就非常美——杯子里下“彩虹雨”，会是什么样子呢？实验需要的东西都是家中可以找到的：食用油、彩色墨水（没有彩色墨水，可以用家里的水彩笔芯滴出的彩色水滴代替）。

瑞瑞先拿出一只玻璃杯，去水龙头处接了半杯水。

然后往杯子里继续倒入食用油，接着又去拿来彩色笔芯，每种颜色都挤进去几滴……

接下来，就是欣赏奇迹的时刻了。那景象真叫一个壮观：彩色的小球被油包裹着，缓慢地向下坠，接着又向上翻起，每种颜色都像是在水里开了花儿，边游荡边下起了“彩虹雨”。

知识点

水油“不相溶”现象

把食用油倒入水中，我们仔细观察会发现水油“不相溶”现象。

首先准备一个烧杯或玻璃杯，往杯子里倒一部分的水，接着继续往杯子里倒食用油。

静置片刻后，我们发现**油浮在水面上**。如果此时我们用筷子搅拌玻璃杯，食用油会被打散成一个一个小油滴，但是当我们再次静置之后，食用油依然聚合在一起浮在水面上。

这就是**水油“不相溶”现象**。

而“彩虹雨”现象就是利用了水油“不相溶”的原理。

在瑞瑞的实验中，色素滴比较重，刚进入油水溶液的时候被油包裹着向下沉，但是油分子很轻，很快会向上浮，在向上浮的过程中，带动一部分色素向上，这时就会出现色素滴上上下下的现象，就像是下起了“彩虹雨”。

延伸思考

水油为什么“不相溶”？

油和水不相溶，是因为水的分子和油的分子结构差别很大，分子之间不能相互结合，所以它们不会相溶。

另外，当油滴到水面上时，水表面的分子会尽量收缩，就把油拉开了成为薄薄的一层油膜，漂浮在水面上。

最后一点，油的密度比水的密度小，在常温状态下水的密度要接近 1.0g/mL，而油的密度一般在 0.91g/mL ~ 0.93g/mL，同样体积的油和水，油要比水轻得多，所以油总是浮在水面上。

12. “双氧水”为什么能给伤口消毒

小铭是校篮球队的主力。在一次篮球赛中，小铭为了抢回一个球，整个儿身体都摔出了赛场，手臂被围栏划了一个大口子。

回到家后，妈妈看了看草草包扎的伤口，让小铭赶紧去药箱里拿消毒酒精进行消毒处理。

小铭打开药箱却发现，消毒酒精已经用完了。妈妈告诉他，用双氧水消毒效果也很好。可是小铭在药箱里找了半天都没找到。

妈妈走到储藏室，指着一瓶“过氧化氢溶液”告诉小铭：“这个就是双氧水。”

小铭拿起双氧水对着伤口就喷，只见伤口处出现了白色小泡泡，伴着一阵阵灼烧的疼痛感，小铭不禁大喊道：“哎哟！哎哟！……”

过后，小铭很奇怪：过氧化氢溶液为什么叫双氧水？又为什么能给伤口消毒呢？

知识点

过氧化氢溶液

小铭伤口处喷洒了双氧水，起了白色小泡泡，那正是过氧化氢在给“伤口”消毒呢！

过氧化氢是一种无机化合物，化学式为 H_2O_2。纯的过氧化氢是淡蓝色黏稠液体，可与水以任意比例混溶，得到的水溶液为无色透明状液体。双氧水是 3% 的过氧化氢溶液。

过氧化氢非常的“不稳定”，当它与皮肤、口腔和黏膜的伤口、脓液或污物相遇时，立即分解生成氧。化学方程式是：$2H_2O_2 = 2H_2O+O_2\uparrow$。

这种尚未结合成氧分子的氧原子,具有很强的氧化能力,与细菌接触时,能破坏细菌菌体,进而杀死细菌。

延伸思考

碘伏/酒精/双氧水，外伤消毒怎么选？

小朋友们一定很奇怪，故事中受伤的小铭用双氧水消毒，可是我们自己家中常用的消毒用品不是碘伏就是酒精，很少备双氧水，那么外伤消毒到底该怎么选呢？

先来说说最常见的碘伏。我们日常的大多数擦伤和小伤口，用碘伏就够了。因为碘伏对大多数细菌、部分霉菌、部分病毒，都具有杀灭作用，而且其中碘伏浓度较低，没有刺激感，儿童使用也不会有刺痛感。

酒精也可以消杀细菌，不过对霉菌却没有效果，也就是不能消灭真菌。而且酒精会对皮肤带来较强的刺激，疼痛感很强。所以家中备用的酒精，大部分用于物品表面消毒。如果用在伤口上，可能会很疼，而且经常用酒精擦拭皮肤，容易导致皮肤干燥。

双氧水就更专业了。在医院中需要清创时可能用到，在家庭场景中几乎用不到，因为它可以消杀的范围更广泛，而且对于大而深的伤口、污染严重的伤口都有很有效的消毒作用。不过双氧水不易保存，而且也有很大毒性，所以不建议家庭储备。

13．“生病”葡萄的救星

暑假，楠楠到乡下看望爷爷奶奶，可是却没有见到他们。邻居告诉楠楠，爷爷家葡萄园里的葡萄“生病”了，可能他们去找专家想办法了。

楠楠赶忙来到葡萄园，只见这里已经失去了往日的欣欣向荣，好端端的葡萄树有的枯黄、有的弱小，有的葡萄藤上甚至不再长果子了。再仔细一看，楠楠发现很多葡萄叶子上都长满了黄褐色的斑点，有的葡萄叶背面有一片白色的霉霜。

楠楠回想到每次来葡萄园，

爷爷奶奶辛勤地在这里浇水、施肥、摘叶……而此刻，葡萄一大片一大片地生病了，爷爷奶奶的心血难道就这么付诸东流了吗？

一想到这些，楠楠就难过起来。

“有救了！有救了！”这时，远处传来了爷爷欣喜的声音。

楠楠看到爷爷提着一个大大的透明塑料桶，里面装满了蓝色溶液。

爷爷告诉楠楠，这是农业专家专门为生病葡萄配制的“波尔多液”。据说，波尔多液的名字，就来源于盛产葡萄的法国波尔多市！

楠楠看着这个大桶开始想：波尔多液究竟是什么呢？它真的能救活这些生病的葡萄吗？

知识点

了解“波尔多液”

波尔多液的主要成分是**硫酸铜**、**熟石灰**和水。

关于波尔多液的诞生，还有一个小小的传奇故事呢！

1878年，在盛产葡萄的法国波尔多市，许多葡萄园正饱受着“叶霉病”之苦，害病的葡萄树变得枝叶凋零，面临生存危机。葡萄园主们心急如焚，却无计可施。

细心的植物学教授米拉德来到当地考察，无意间发现虽然葡萄园里的葡萄树病快快的，可是公路旁的葡萄树却丝毫未受到叶霉病的伤害，反而长得郁郁葱葱。

这是怎么回事呢？他再仔细观察，发现路旁的葡萄树上洒了很多蓝白相间的液体。米拉德询问葡萄园主时，葡萄园主说，为了防止路边的葡萄被偷吃，就撒了些“毒药”。

米拉德推测，可能正是这些“毒药”，让这些路边的葡萄树免于“叶霉病”。

经过实验，米拉德确认了这些用**熟石灰与硫酸铜溶液混合配制而成**的“毒药”，正是对付叶霉病的“良药”！“波尔多液”便由此得名并广泛流传于世界。

延伸思考

为什么波尔多液可以杀菌？

那么波尔多液究竟是怎么“杀死”葡萄叶的病菌的呢？

波尔多液的化学原理是熟石灰与硫酸铜发生化学反应，生成碱式硫酸铜。

碱式硫酸铜被喷洒在植物表面，就会像橡皮泥一样黏附在葡萄叶上。

而葡萄在生长过程中会分泌出酸性液体，细菌在入侵葡萄叶时也会分泌酸性物质。

这个时候波尔多液和这些酸性物质发生反应产生铜离子，这些铜离子能够进入生病的葡萄叶中，阻止细菌的滋生，让细菌“中毒死亡”。

Part 4

第四部分

分离混合物的“高招”

14. 粗盐是怎么提纯的

悠悠和乐乐过年回远在贵州的老家看望奶奶。

有一天，奶奶从柜顶上拿出一个黑色塑料袋，悠悠和乐乐以为奶奶藏了什么神秘的东西，打开一看才发现，原来这神秘的“包裹”里，竟然是一大块盐巴。

奶奶说，这盐巴可是从矿井里提取出来的，非常珍贵。

悠悠和乐乐碾碎了一点儿尝了尝，刚入口，就赶紧吐了出来，“呸呸，好苦！这可不能当调味料，奶奶，这是苦的！”

悠悠上网查了资料才知道，这种直接从矿井里采回来的盐巴是粗盐，里面含有很多有毒的重金属，还有很多其他杂质，并不能直接食用，需要提纯变成精盐后才能食用。

奶奶告诉他们，就是因为自己不知道用什么办法提纯，才到现在还放在柜顶上。

这可难坏了悠悠和乐乐，小朋友，你知道粗盐是怎么提纯的吗？

知识点

过滤法分离混合物

其实，粗盐的提纯，通过**过滤法**就可以实现。那么，我们具体应该怎么做呢？

首先，我们来准备过滤分离需要用到的工具：铁架台、滤纸、漏斗、玻璃棒、粗盐、烧杯。

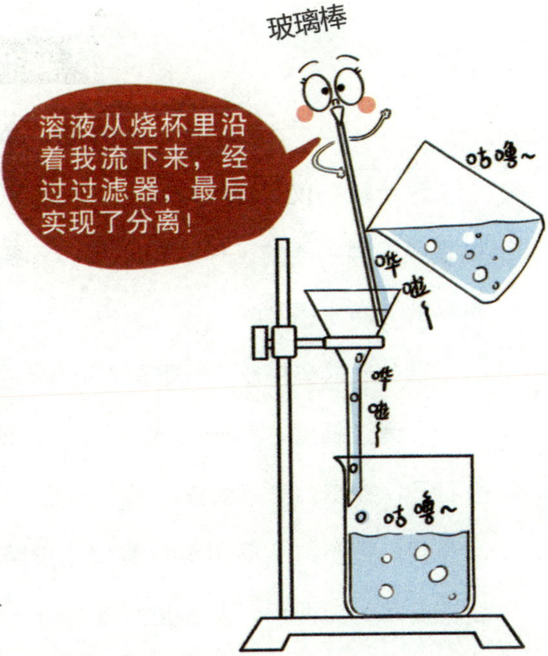

然后，取一匙粗盐加入水中，并用玻璃棒迅速搅拌，加快溶解速度。接着，再加入粗盐，边加边用玻璃棒搅拌，一直加到粗盐不再溶解时为止，这样粗盐溶液便做好了。

接下来制作“过滤器”。

第一步，我们把滤纸折叠后打开放入漏斗中，用水洇湿滤纸，使滤纸能紧贴漏斗内侧。根据漏斗的长度和烧杯的位置来调整铁架台铁环的高度，并将漏斗颈的下端紧靠烧杯内壁放好。

第二步，我们把粗盐溶液沿着玻璃棒（低于滤纸上沿），玻璃棒的末端紧靠有三层滤纸的一边，慢慢倾倒液体进行过滤，当得到的滤液仍浑浊时，应该再过滤一次。

这样反复操作几次，直到得到澄清的滤液。

第三步，我们把得到的澄清的滤液倒入蒸发皿，把蒸发皿放在铁架台的铁圈上并用酒精灯加热，同时用玻璃棒不断搅拌滤液，一直到蒸发皿中出现大量固体时，停止加热，这时我们得到的固体就是精盐了。

这就是粗盐提纯的全过程，也是过滤法分离混合物的过程。你学会了吗？

延伸思考

自制“净水器”

过滤法不仅可以提纯粗盐，还可以帮助我们把“脏”水变“干净”，这也是很多净水器的工作原理。我们只要使用家中的回收材料就可以制作一个简易的“净水器”。

准备一只塑料瓶，一把剪刀。

设计过滤层：第一层放棉球、纱布；第二层放活性炭、纱布；第三层放小石子、纱布；第四层放沙子、纱布；第五层放石块。

我们把塑料瓶底用剪刀剪掉，按照预先设计的过滤层进行层层添加，最后把脏水分成两份，一份进行实验，一份进行对比。看看你能不能得到“干净的水”。

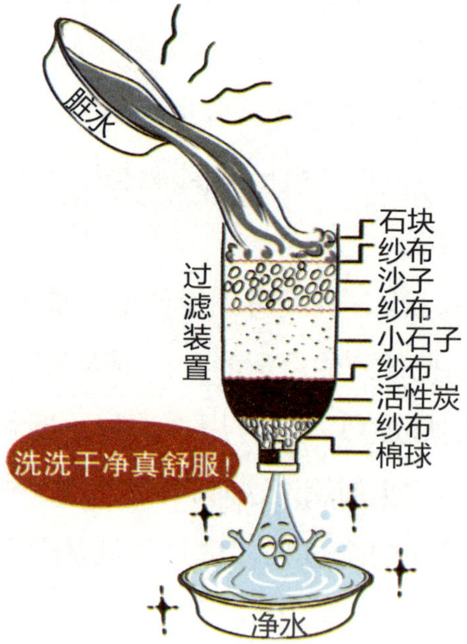

其实，自制滤水器的每一层都有它的作用：砾石或小石头用于过滤掉大的杂物，如树叶或昆虫，沙子层可以过滤细小的杂质。活性炭层通过吸收过滤更小的污染物和杂质。

除此之外，生活中的过滤实例也随处可见：比如，窗户上纱窗的运用，日常物品中的筛子、渔网等，都是“过滤器”。

15. 把白糖从糖水中“请”出来

“呜呜呜……”妹妹从厨房跑出来向妈妈告状，“妈妈！姐姐把我的白糖变没了！”原来，姐姐声称要给妹妹变个魔术，于是就把白糖放进了一杯热水里，制成了白糖水。

妈妈看妹妹很伤心的样子，赶忙跑去厨房，把糖水倒进一只小奶锅里，拉着妹妹说：“来！妈妈也给你变个魔术，把白糖从糖水里‘请’出来。”

只见妈妈把小奶锅放在燃气灶上，打开小火，不断用筷子搅拌，没过多久，小奶锅内壁上出现了白白的东西。妹妹看见了，又惊奇又开心，拍着手喊道：“姐姐！快来看，妈妈帮我把白糖请出来啦！”

知识点

蒸发法分离混合物

其实，妈妈的这种方法在化学实验中经常用到，叫作“**蒸发法**”。

妈妈加热糖水，里面的水蒸发后，白糖从糖水中析出结晶。

我们也可以自己做使用蒸发法分离混合物的实验。

实验前，我们先准备好以下物品：蒸发皿、三脚架、石棉网、酒精灯、糖水、玻璃棒。

首先，我们在蒸发皿里倒入约 10 毫升的糖水，并把蒸发皿放在三脚架上的石棉网上。

接着，我们用火柴点燃酒精灯，用外层的火焰加热，加热时，用玻

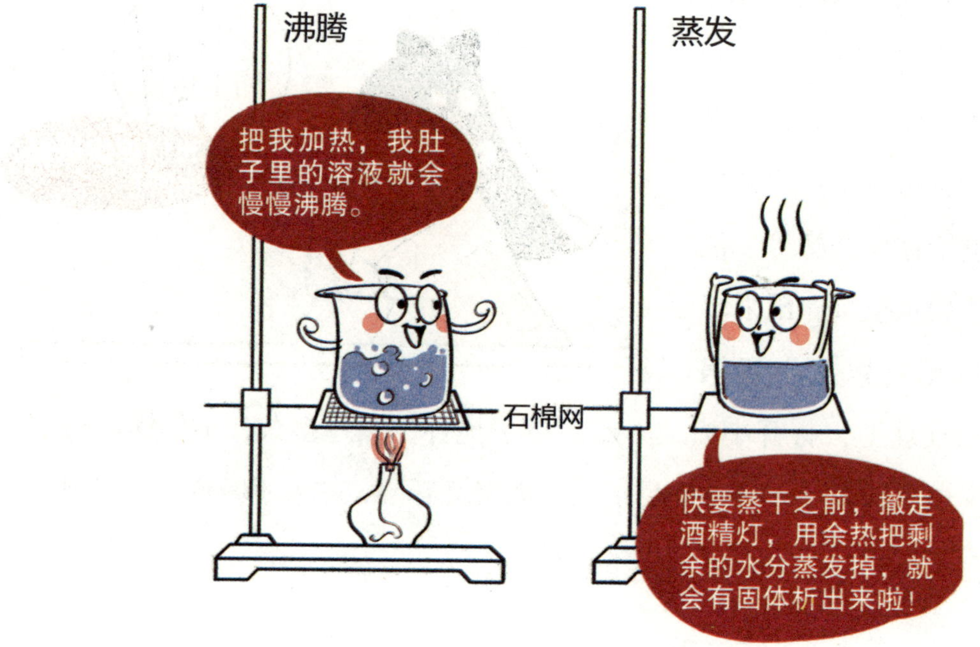

璃棒不断搅拌，注意速度不要过快，防止液体溅出。在这个过程中，我们会发现糖水越来越少。继续加热一段时间后，就会看到有白糖分离出来。在糖水快要蒸干之前，将酒精灯的盖子直接盖在火苗上面，熄灭酒精灯。

你会发现，用蒸发法能很快分离出糖水中的糖。

蒸发法通常是指通过加热使溶液中一部分溶剂（通常是水）汽化，从而使溶液中的非挥发性成分从溶液中析出结晶的过程。

延伸思考

制作“银树枝”

蒸发法在我们的日常生活中也有很广泛的应用。海水制盐就是利用太阳光来蒸发水分得到盐的，是非常传统的制盐方法。

我们可以做一个小实验——制作“银树枝”，来还原“海水制盐”。

小朋友可以在户外捡一些小树枝备用，带回家中后清洗擦干。

首先制作一碗浓盐水：在水里加盐搅拌，一直加盐，直到水再也不能溶解盐为止。

接着把小树枝放入浓盐水中，将其放在阳光下……

等一段时间，你会发现，小树枝上慢慢爬满了银白的小颗粒，小树枝变成了一枝“银树枝”。

其实，那些银白的小颗粒正是盐。浓盐水在阳光照射下，或者在室温里，水分都会慢慢蒸发掉，而盐无法蒸发，就顺势“爬”到了小树枝上。

16. 贝尔叔叔是怎么淡化海水的

贝尔叔叔熟练地拿出两个大小不一的塑料瓶，把其中一只小的塑料瓶顶部剪了下来，做成了一个小杯子的样子；把另一个大的塑料瓶瓶底也剪掉，并且把下部边缘部分往瓶内卷起，拧好瓶盖，然后把大塑料瓶套在刚才做好的小杯子上。一个简单的“蒸馏器”就做好了！

这是纪录片《贝尔荒岛求生记》里面，贝尔叔叔教大家如何把海水变成淡水的情景。

电视里的贝尔叔叔在小杯子里盛了一些海水，套上做好的大塑料瓶，把这个“简易蒸馏器”放在太阳下晒，过了一段时间，神奇的事情发生了：只见大塑料瓶内壁上凝结了很多小水珠，有的小水珠还迫不及待地滑落到向内卷起的凹槽处。

贝尔叔叔告诉我们，这些蒸发出的水蒸气就是我们可以喝的淡水！

知识点

蒸馏法分离混合物

贝尔叔叔用蒸馏法将淡水从海水中分离了出来。这种把海水烧到沸腾或通过太阳照射，使其中的淡水蒸发为蒸汽，而使盐留在瓶底，蒸汽冷凝为蒸馏水得到淡水的方法，就是**蒸馏法**。

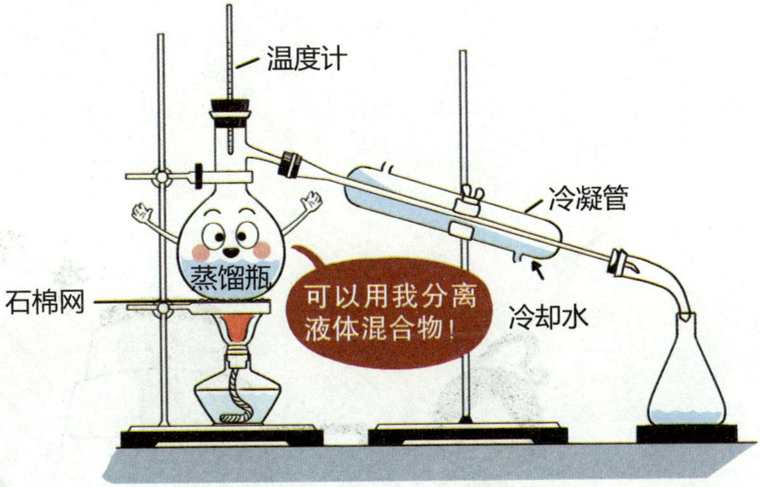

化学中我们也常常用蒸馏法来分离溶液中的混合物质。

蒸馏是将液体加热到沸腾状态，使液体变为蒸气，然后将蒸气冷却又得到液体的过程。液体沸腾时，液体的饱和蒸气压与外界大气压力相等，这时的温度被称为**沸点**。

只有当两种物质沸点相差在 30℃以上时，蒸馏才有较好的分离效果。

延伸思考

白酒是怎么做出来的？

蒸馏在日常生活中最常见的应用，就要数制酒了。

小朋友，你肯定知道白酒是通过粮食的发酵而形成的。可是粮食慢慢发酵、发酵……会形成酒醪，也就是含有很多渣的浊酒，那怎么把这些浊酒变成清澈的酒呢？

要想把浊酒变成清澈的酒，这个时候蒸馏就派上了用场。

因为酒精的沸点是 78℃，而水的沸点是 100℃，所以当我们对酒醪不断进行加热时，酒醪中的酒精和香味就能全部被提取出来，并形成更纯正的高度白酒。

太有意思了！生活中的化学

化合物篇

葡小果◎编著

航空工业出版社
北京

内容提要

本书是一套专门为小学生定制的趣味化学读物。全书共6册，内容涵盖化学中的微粒、元素、纯净物与混合物、化合物、酸和碱以及多种化学反应。作者结合生活实际，以故事的形式，将化学知识系统地融入日常生活场景中，用通俗易懂的语言分析生活中的化学现象。书中还配有大量充满童趣的漫画，能够为孩子的阅读带来更多的乐趣。

图书在版编目（CIP）数据

太有意思了！生活中的化学．化合物篇 / 葡小果编著．-- 北京 : 航空工业出版社，2023.7

ISBN 978-7-5165-3375-8

Ⅰ．①太… Ⅱ．①葡… Ⅲ．①化学一青少年读物 Ⅳ．①06-49

中国国家版本馆CIP数据核字（2023）第087894号

太有意思了！生活中的化学·化合物篇

Tai Youyisi le!Shenghuozhong de Huaxue.Huahewu Pian

航空工业出版社出版发行

（北京市朝阳区京顺路5号曙光大厦C座四层　100028）

发行部电话：010-85672688　010-85672689

三河市越阳印务有限公司印刷　　全国各地新华书店经售

2023年7月第1版　　2023年7月第1次印刷

开本：787×1092　1/16　　字数：43千字

印张：3.5　　定价：150.00元（全6册）

Preface

前言

化学，对于还没有系统地学习过它的孩子来说，可能会感到很遥远、很陌生。可事实上，我们的生活中处处有化学的影子，很多孩子感兴趣却又无法理解的问题都能用化学的相关知识来解答。

迄今为止，人类已经发现的化学元素有 118 种。各种化学元素构成了地球上的万物。认识化学元素、了解它们的基本性质，是孩子学习化学的入口，也会让他们发现化学的奇妙，领略化学的魅力。

我们每天会接触到各种物质，有的是纯净物，有的是混合物，可要想把它们区分开来，却不是一件容易的事情。像纯净水、纯牛奶虽然带“纯”字，却不是纯净物；冰和水混合后，还是同一种物质，所以是纯净物；生铁与铁虽然只有一字之差，却并不是一回事。

苹果切开后为什么会变色？吃菠萝后舌头为什么又麻又痛？萤火虫为什么会发光？蜡烛燃烧为什么会冒黑烟？到了秋天树叶为什么会变色？“暖宝宝”为什么能够持续发热？……不知不觉中，化学反应正在悄然发生。

切洋葱为什么会流眼泪？食盐放久了为什么会“返潮”？馒头为什么越嚼越甜？不锈钢栏杆为什么会长出铁锈？银饰戴久了为什么颜色会变暗？……了解了化学背后的奥秘，孩子才会知道身边看似寻常的现象其实非常神奇和有趣。

这套书就像一位睿智、可爱的向导，带领孩子们从生活中常见的现象出发，学习有关元素、微粒、纯净物与混合物、酸和碱、化合物以及化学反应的知识和原理。

全书故事通俗易懂，漫画生动有趣，符合孩子的阅读习惯，一定会给他们带来妙趣横生的阅读体验，也会让他们对学习化学产生浓厚的兴趣，从而为未来的化学学习打下良好的基础。

Contents

目录

01

厨房里的化合物魔法

02

不可思议的营养素

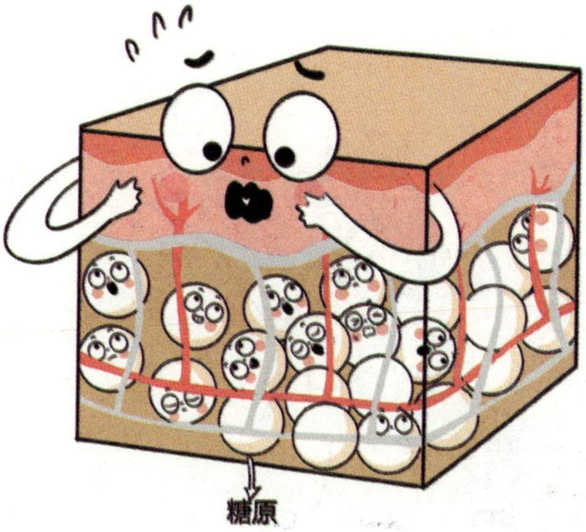

03

走进奇迹般的大自然

04

藏在身边的化合物

Part 1

第一部分

厨房里的化合物魔法

1. 切洋葱时为什么会流眼泪

放学后，佳佳回家走进厨房，看到妈妈很忙碌，就想帮妈妈做点什么事。这时候，她看见案板上放着一个洗好的洋葱，便顺手拿起刀，准备帮妈妈把洋葱切好。

没想到她刚把洋葱切成两半，就闻到了一股刺鼻的气味。佳佳不禁皱起了眉头，还打了个喷嚏。不过，她也没当回事儿，继续切洋葱。可是没过多久，她就觉得眼睛辣辣的，很难受，眼泪也不由自主地流出来了。

幸好被妈妈一转身及时发现，这才拦下了她。看到她脸上的眼泪，妈妈又好气又好笑地说："你这个傻孩子，怎么能这样切洋葱呢？你得先把洋葱在凉水里泡一会儿再切，这样就不会辣眼睛了！"

妈妈的话让佳佳半信半疑，不过她还是照做了。当她切泡过的洋葱时，发现居然真的不那么辣眼睛了。

"这到底是怎么回事儿呢？"佳佳百思不得其解，请你用化学知识帮她解开这个谜吧！

知识点

洋葱中的化合物

切洋葱流眼泪的“罪魁祸首”，是一种叫作**蒜氨酸酶**的有机化合物，它藏在洋葱的细胞里。在我们切开洋葱的那一刻，洋葱的细胞组织被破坏，蒜氨酸酶就会被释放出来，这可以说是它的一种“自我保护”。

蒜氨酸酶和洋葱本身的氨基酸（蒜氨酸）相遇后会发生奇妙的化学反应，产生一种有挥发性的含硫化合物（蒜素），并释放到空气中，当眼睛接触到这种化合物时会有一种被灼烧的感觉。同时泪腺受到这么强烈的刺激，就会自动分泌眼泪，以此来把刺激物冲走，所以我们在切洋葱的时候常常会不自觉地“泪流满面”。

虽然洋葱如此“辣眼睛”，可是它对我们的身体却有很多好处，如可以降低血压、预防感冒、提神醒脑，还能增强人体新陈代谢的能力。所以洋葱该吃还是得吃，不能因为它有一个“缺点”就放弃这种营养美食。

延伸思考

切洋葱不流泪的方法

那怎样切洋葱才不会流泪呢？我们可以参考一下佳佳妈妈介绍的方法，就是把洋葱先放在水里泡一会儿，这样洋葱里的挥发性硫化物就会溶解在水中，不会释放到空气里，我们的眼睛接触不到也就不会刺激泪腺分泌眼泪了，这样我们切洋葱就不会流泪了。

还有一个办法是把洋葱先放入冰箱的冷藏室，冷藏 5~10 分钟，切的时候也不容易流泪。这是因为温度降低后，蒜氨酸酶的反应速度也会慢下来。

当然，我们也可以先把洋葱用微波炉加热到一定的温度，这时里面的蒜氨酸酶就会失去活性，不会发生化学反应，这也是为什么炒洋葱的时候眼睛不会流泪的原因。

2. 食盐放久了为什么会“返潮”

又到了梅雨季节，青青家所在的江南地区天天阴雨连绵，到处都是湿漉漉的感觉。

这天，青青吃完饭帮妈妈收拾厨房、洗碗，看到装食盐的罐子敞开着，拿起来想要拧紧的时候，却发现食盐不再是刚买回来的样子了。

食盐刚买回来倒入盐罐子的时候是松散的，像沙子一样，摇晃罐子还能听到沙沙声，可现在的食盐，全部都结成了一个个大盐块。

青青拿筷子戳了戳，结块的食盐才松散开。

妈妈告诉青青，“食盐这是‘返潮’了。咱们南方天气潮湿，食盐变成这样已经是司空见惯的事情了。”

“妈妈，食盐‘返潮’了还能吃吗？”

“我小时候，大人都把结块的食盐敲碎了接着用，没听说不能吃这回事儿。”妈妈也有点不太肯定地说。

那么，食盐究竟为什么会“返潮”？“返潮”的食盐还能不能继续食用呢？

知识点

氯化镁的吸水性

让食盐结块的并不是组成食盐的主要成分氯化钠，而是食盐中含量很少的另一种物质：**氯化镁**。氯化镁是一种易潮解的晶体。

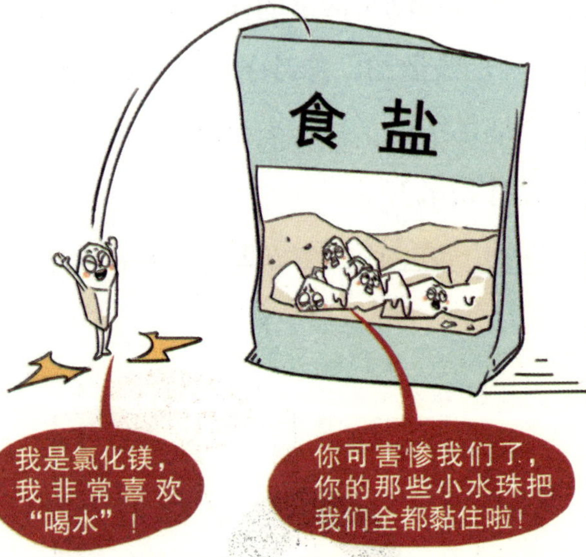

什么是潮解呢？简单来说，有些晶体的特性，就是喜欢吸收空气中的水分，吸收的水分会在它的表面形成溶液，然后随着水分吸收得越来越多，还会将空气中的水分子向物质表面移动。这种现象就叫作**潮解**。

食盐中氯化镁的分子式中含有6个水分子，非常容易吸收空气中的水分，所以即便在食盐中的占比极小，也会因为潮解而使食盐结块。

延伸思考

如何保持食盐的松散

那结块的食盐还能恢复原貌吗？我们平常又该如何保持食盐松散的状态呢？其实，最简单的办法就是使用密闭的容器盛放食盐，不受潮自然不会结块。不过，如果万一受潮，下面两个办法也可以帮助食盐“复原”。

第一种办法是在结块的食盐中加入一小勺淀粉，然后搅拌均匀，通过淀粉吸收水分，让食盐重新恢复松散的状态。

第二种办法是将食盐倒入热锅中，小火煸炒，加热时，食盐中的氯化镁与水汽反应，生成易挥发的氯化氢气体和难溶于水的氧化镁粉末，从而恢复松散的状态。

3. 醋为什么能把鸡蛋壳泡软

周末，岚岚跟着爸爸妈妈去看望奶奶。刚一进门，就看到奶奶正在厨房忙活的背影。岚岚来到厨房，发现奶奶正忙着洗鸡蛋，岚岚问：“奶奶，您洗这么多鸡蛋是要做什么？电视上不是说鸡蛋不能过度清洗，否则容易坏吗？”

“我准备制作醋蛋液。看，窗台那边已经做好一瓶了。”

岚岚向窗台望去，果然，上面摆着一个透明的玻璃瓶，瓶里的鸡蛋正在冒着泡。

“奶奶，那个玻璃瓶里装了什么？鸡蛋怎么会冒泡呢？”岚岚好奇地问。玻璃瓶里的液体透明无色，岚岚一时不好判断。

奶奶告诉岚岚，玻璃瓶里装的是白醋。得用它把鸡蛋壳泡软了，才能制成醋蛋液。

岚岚打开闻了闻，果然有一股酸酸的味道。

醋为什么能把鸡蛋壳泡软呢？是不是发生了什么化学反应？你知道原因吗？

知识点

乙酸的性质

乙酸也叫作醋酸，化学式为CH_3COOH，是食醋的主要成分。纯的无水乙酸是无色液体，不过它的凝固点是16.6℃，所以我们经常也会见到它无色固体的状态。

鸡蛋放在醋里会冒泡，鸡蛋壳也会被泡软，正是因为鸡蛋壳的主要成分是**碳酸钙**（$CaCO_3$），而白醋的主要成分是醋酸，也就是乙酸（CH_3COOH）。这两种化合物放在一起，就会发生化学反应，化学反应方程式为：

$$2CH_3COOH+CaCO_3=Ca(CH_3COO)_2+CO_2\uparrow+H_2O$$

那些在玻璃瓶里冒出来的气泡，就是二氧化碳气体，而它们反应生成的**乙酸钙**〔$Ca(CH_3COO)_2$〕溶解在了水里。所以，我们只看到有气泡冒出来。表面上看起来醋是把鸡蛋壳“泡软了”，实际上，是醋把碳酸钙分解掉了，只留下了鸡蛋里的膜。

延伸思考

醋是怎么酿造出来的

醋作为重要的调味品，在我们的厨房中必不可少，那你知道醋是怎么酿造出来的吗？

中国已经有 2400 多年的酿醋历史，也是谷物酿醋最早的国家。

谷物酿醋就是通过谷物发酵制醋。人们选用富含淀粉的谷物，先将它们蒸熟，然后通过曲的作用，将淀粉转化为糖，再使用酵母把糖发酵成酒精，最后用醋酸菌把酒精发酵成醋。

酿醋要选用富含淀粉的谷物，比如：大米、玉米、红薯、高粱、小米等。如果我们用水果里的果糖进行发酵，还可以制成果醋。

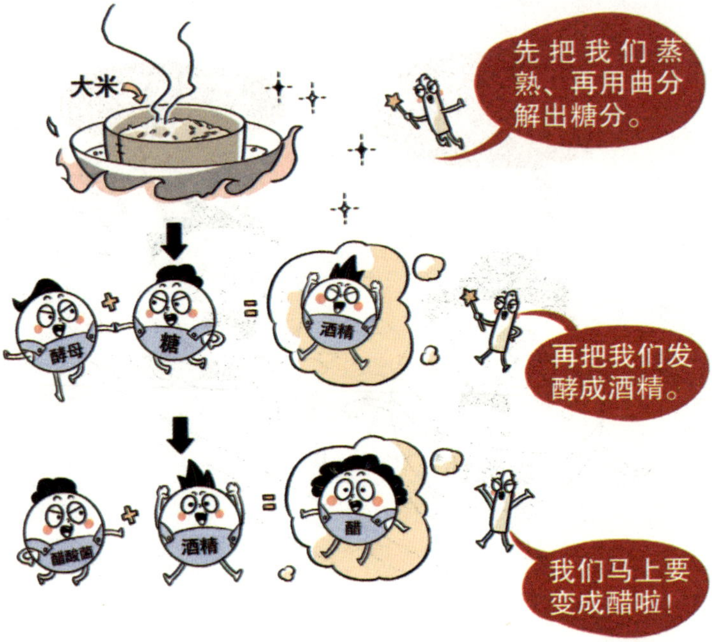

4. 做馒头时面团里加的粉末是什么

航航放学刚到家门口，就看到妈妈正在厨房揉面。

航航放下书包，洗了手，也要来帮忙揉面，妈妈抬了抬手，示意他先等等，接着说道：“等我加点儿东西，你再来揉吧。”只见妈妈从橱柜里找出一小包白色的粉末，看起来就像面粉的样子。妈妈用拇指和食指轻轻捏了一点点，撒在了面团上。

航航也顺势捏了一点，闻了闻，心想：没什么味道呀。他正准备尝一尝，却被妈妈制止了。“这可不是盐，也不是糖，这是小苏打，面团加了小苏打，放一段时间后，就能发到原来的两三倍大，做出来的馒头才又松软又好吃！”

小苏打为什么能让面团变大呢？你知道原因吗？

知识点

碳酸氢钠的性质

当我们制作一些发面面食时，添加一点小苏打，能帮助面粉更好地发酵。

小苏打最主要的成分是**碳酸氢钠**（$NaHCO_3$），是一种白色结晶性粉末，没有气味，易溶于水。

那么，碳酸氢钠是怎样让面团发酵的呢？

在适宜的温度下，当碳酸氢钠和面团里的酸相遇时，会产生大量的二氧化碳，二氧化碳气泡会让面团膨胀，不断“长大”。当你把发酵好的面团切开时，会发现面团里有很多的气孔，那就是二氧化碳气体造成的。

延伸思考

苏打水健康吗？

碳酸氢钠除了可以作为面食添加剂使用外，还可以制成饮料：苏打水。苏打水是每升含 0.4 ~ 0.6 克碳酸氢钠的水溶液，是一种弱碱性饮料。

天然苏打水是一种健康饮品，它能促使人体内的乳酸与碱性水中和生成无机盐，随汗液、尿液排出体外。因为，在运动时肌肉会产生乳酸，而乳酸会引起肌肉酸痛，苏打水的介入就会使这些酸痛得到缓解，而且天然苏打水中的矿物质元素是离子状态，更易于人体吸收。

不过，不是所有人都适合喝苏打水，因为苏打水中含碳酸氢钠，那些需要控制钠离子摄入的高血压、高血脂、慢性肾脏病患者是不可以饮用的；患有胃炎的人也应少喝，以免造成胃部不适或加重胃病。

不过，去商店超市时，你会发现各种各样的苏打水，那么，究竟该怎么选，才能选到真正的苏打水呢？下面就来告诉大家。

世界上出产天然苏打水的国家只有法国、俄国、德国、中国等少数国家。所以，如果选天然苏打水，可以直接看产地进行选购。

如果是选非天然苏打水，那就要看配料表里的主要成分是不是碳酸氢钠了。

另外，苏打水的口感就是矿泉水加了气的感觉，没有甜味。如果口味甜，那么也一定是添加了甜味剂。

5. 自热火锅的发热包里有什么

明天就要去秋游了。为了给秋游做准备，波波和妈妈来到超市，买面包、糖果、零食……当他们来到方便速食区时，琳琅满目的商品吸引了波波的注意。

其中，有一个“自热火锅”的货架引起了波波的兴趣。自热火锅是方便速食的一种，在自热火锅的包装介绍里有这样一段吸引人的介绍：“生米生食材，不用火不插电，美味很快在眼前！”

只要加点水就可以自己加热，把“生米做成熟饭”？还有这样神奇的事情？妈妈看到波波满腹疑惑，就鼓励他买一盒，自己带回去研究研究。

回到家，波波迫不及待地打开自热火锅，准备一探究竟。盒子里除了主食外，还有一包像炭包一样的无纺布包，沉甸甸的，不过摸起来并不热，摇一摇也不会热。波波按照说明，在盒子底部放好自热包，加了点自来水，再把饭菜放到上层的碗里，加入纯净水，盖好盖子。没过 1 分钟，自热锅内就开始发出“咕嘟咕嘟”沸腾的声音，接着盖子上的气孔也开始“噗噗噗”地冒气。

波波等待了大概 10 分钟，打开盖子一看，一碗蒸熟的米饭和热乎乎的菜就神奇地做好了！

那么，自热锅里的水是怎么沸腾起来的呢？自热包里又有什么秘密呢？下面我们一起来了解一下吧！

知识点

氧化钙的性质

其实，自热火锅的自热包里装的是生石灰。

生石灰是由一些天然的岩石经过高温煅烧后得到的，它的主要成分是**氧化钙**（CaO），是一种白色固体。它不怕火，不过遇到水却会发生剧烈的反应。

在生石灰中加入水后，你会看到水立刻沸腾起来，冒出大量的蒸汽。这是因为**氧化钙遇水之后，会释放出大量的热**。生石灰与水反应的化学方程式为：

$$CaO + H_2O = Ca(OH)_2$$

正是这些释放出来的水蒸气的热量把食物蒸熟了。不过，这些水蒸气的热量可高达 300℃，所以小朋友在使用自热锅的时候，要严格按照操作步骤进行加热，小心别被水蒸气烫伤。

延伸思考

生石灰的应用

生石灰（CaO）虽然听起来好像离我们的日常生活很遥远，但实际上生活中处处可见它的踪影。

食物包装袋中干燥剂的主要成分就是生石灰，因为它可以吸收空气中的水分，使得食物保持干燥状态。根据生石灰的这个特性，在潮湿的南方，人们会在墙角撒一些生石灰进行防潮除湿。

另外，生石灰遇水产生的热量很高，我们可以把它们埋在土里，杀死土壤中的病菌和害虫。

而且，生石灰和水发生反应会生成氢氧化钙，也就是熟石灰，这种物质具有强碱性，常被用来制造漂白粉、消毒杀虫剂等。

Part 2

第二部分

不可思议的营养素

6. 喝葡萄糖为什么能够补充体力

今天，学校举办一年一度的运动会，小哲要代表他们三班争夺男子1000米的金牌。可是才跑到第二圈，小哲的速度就慢了下来。体育老师看小哲的状态不对劲，马上陪跑跟随。小哲告诉体育老师，自己可能撑不下去了。原来小哲在参加男子1000米之前，刚刚跑完200米接力赛，体力消耗巨大，这才导致现在有些体力不支。

体育老师赶忙从背包里掏出一包白色粉末，又掏出一瓶矿泉水，把粉末倒入水中，盖上瓶盖用力摇了摇，边跑边递给小哲让他慢慢喝下去。

小哲也顾不了那么多，就一口气喝完了，并且觉得甜甜的还挺好喝。喝完后没过多久，小哲竟然感觉自己又有力气了，坚持着跑完了1000米。

下了赛场，小哲向体育老师致谢，还打听了那甜水到底是什么，体育老师告诉他，刚才给他喝的是葡萄糖水，加进去的白色粉末，就是葡萄糖粉。

小哲很好奇，喝葡萄糖为什么能够补充体力呢？

知识点

葡萄糖的作用

人体在运动过程中，会消耗大量糖原，所以身体会产生疲乏的感觉。而葡萄糖，尤其是葡萄糖溶液，不仅能够被人体快速吸收，还能够提供水分，改善身体的脱水状态。

那么，葡萄糖究竟是怎样提供能量的呢？

葡萄糖的分子式是 $C_6H_{12}O_6$，它是一种单糖，易溶于水，这个特性决定了它能够快速地进入细胞，不需要消耗能量；**进入细胞后，葡萄糖被氧化成水和二氧化碳，同时释放出能量**。这个能量和汽车发动时发动机释放的能量相当。

那么，身体怎么知道葡萄糖摄入的是不足还是过量呢？

如果葡萄糖摄入不足，我们会感到头晕乏力，俗称“低血糖”，不过也不要太担心葡萄糖摄入过量，因为我们的身体很聪明，会把多余的没有产生热量的糖变成糖原储存起来，等需要用的时候，再变回葡萄糖。

延伸思考

葡萄糖摄入过多会变胖吗？

在我们的日常生活中，接触葡萄糖的机会非常多，因为糖类的主要成分就是葡萄糖。

那么，如果葡萄糖摄入过多，人会变胖吗？答案是肯定的。

刚才我们还说到，我们的身体很聪明，可以把多余的糖变成糖原储存起来。不过，小朋友，如果糖吃得太多，糖原存储得过多，当达到一定的界限时，就会转化为脂肪，而如果不及时运动、消耗能量的话，脂肪就会不断堆积，不断堆积……你就会变成一个“小胖子”。

在我们的日常生活中，很多食物里都含有你看不见的“糖”。红烧的菜品里大部分是含糖的，各种饮料、冰淇淋、饼干，甚至辣条里都含糖，更不要说什么软糖、泡泡糖、跳跳糖……

想要不过量，还真是防不胜防！

7. 当淀粉遇到碘酒

小江特别喜欢吃馒头，将软软的馒头撕一块下来放进嘴里，刚开始嚼的时候是淡而无味的，可要是多嚼几下，就会感觉馒头有了丝丝甜味，越嚼越好吃。

小江想不明白这是为什么。爸爸想要启发他找到原因，就带着他一起做了个小实验，让他知道馒头里到底藏着什么“好东西”。

爸爸给小江准备了馒头和一瓶碘酒。在爸爸的指导下，他小心地切下一片馒头，平放在案板上，再把碘酒一滴滴地滴在馒头片中央，静静等待了一会儿，就看到滴过碘酒的地方逐渐变成了深蓝紫色。

“好神奇啊！”小江忍不住惊叹道。可是新的问题又涌入了他的脑海：为什么馒头遇到碘酒会变色呢?

知识点

淀粉的性质

其实，藏在馒头里的“好东西”就是**淀粉**，它是由葡萄糖分子聚合成的高分子碳水化合物。吃馒头的时候，我们的口腔内部会分泌唾液，唾液里面含有**淀粉酶**，能够分解馒头中的淀粉，让它变成有甜味的**麦芽糖**。我们嚼得时间越长，被分解的淀粉越多，形成的麦芽糖就越多，味道也就越来越甜。

想要找出馒头里的淀粉，我们可以像小江和小江爸爸这样找碘酒来帮忙——淀粉会和碘酒里的碘发生反应，生成一种新的物质，并发生颜色的改变，这种现象被科学家称为“**显色反应**”。

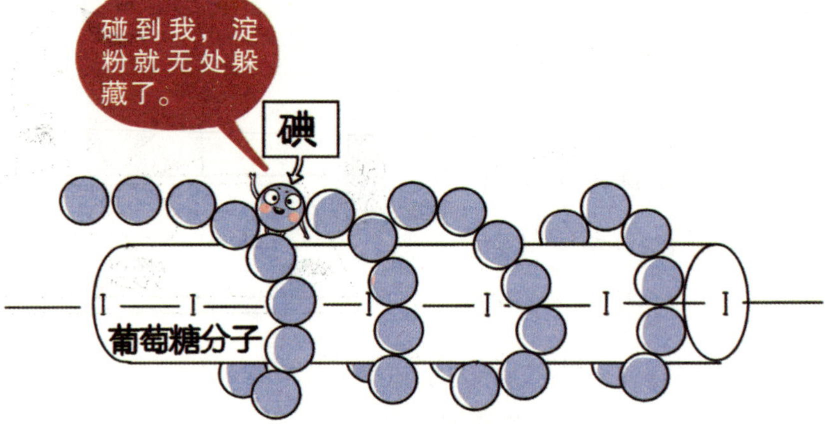

延伸思考

淀粉遇碘变色的“真相”与显色反应相关的知识

我们经常听说“淀粉遇碘变蓝”这句话，可是用身边的馒头、米饭、土豆等富含淀粉的食物去做实验时，看到的颜色却并不像纯蓝色，这是什么原因呢？

原来，淀粉是由葡萄糖分子聚合而成的高分子碳水化合物，根据葡萄糖排列方式的不同分为：直链淀粉和支链淀粉。葡萄糖排成长长的直线没有分支，就是直链淀粉；葡萄糖交叉着排列，像树枝那样，就是支链淀粉。

两种淀粉和碘酒发生反应后，颜色的改变会有一些不同：直链淀粉遇到碘酒会变蓝，而支链淀粉遇到碘酒则会变成紫色或红紫色。所以，做这个实验的时候，我们看到的颜色常常是紫色和蓝色的混合色。

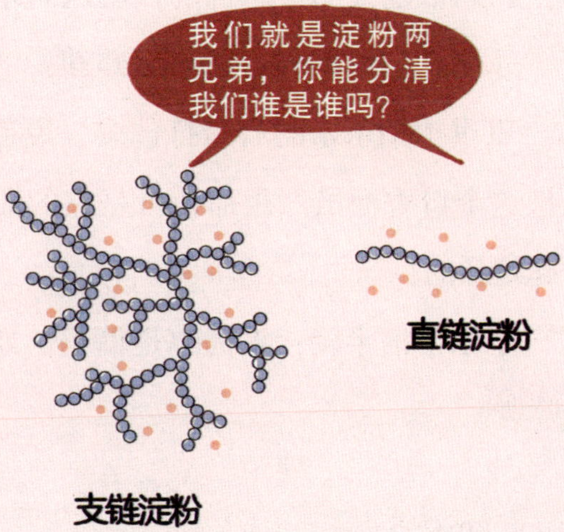

8. 木糖醇是糖吗

琪琪和乐乐是同学，每天她们都一起上下学。这天早上，琪琪偷偷从口袋里拿出一个小盒子，她小心翼翼地打开盒子，捏出一粒长方形的白色小糖块，递到乐乐手中，说：“这是我昨天跟妈妈去超市买的口香糖，我偷偷带来了，给你吃一粒。”

“啊？这……”乐乐有点儿左右为难，虽然她不想拒绝琪琪的好意，但她已经有 7 颗蛀牙了，她可真不想

再让妈妈带她去那个恐怖的口腔医院治牙齿了，因为那实在是太疼了。

乐乐把自己的担心告诉了琪琪。

琪琪拍拍乐乐的肩膀打包票，说道：“你就放一百个心吧！踏踏实实吃！这个口香糖虽然很甜，可是它的甜全来自木糖醇，根本不是糖，不会引起蛀牙的！”

乐乐半信半疑：木糖醇是糖吗？如果不是，那它是什么呢？为什么有甜味呢？

知识点

木糖醇的真相

木糖醇化学名称是**戊五醇**，化学式是 $C_5H_{12}O_5$。它是醇类化合物，本身就有甜味。木糖醇原产于芬兰，它是从白桦树、橡树、玉米芯、甘蔗渣等植物原料中提取出来的一种**天然甜味剂**。但是，对于人体而言，它本来也是人体正常糖类代谢的中间体。

木糖醇不论从外观还是味道上，都和糖非常像。它

是一种白色晶体，并且极易溶于水，而且味道也是醇类化合物中最甜的。

木糖醇不仅不会导致蛀牙，还可以预防蛀牙。在人类代谢活动中也不受胰岛素调节，所以很多糖尿病患者如果想吃甜味食物，就可以选择木糖醇制品作为替代。

延伸思考

比木糖醇更“优秀”的代糖——赤藓糖醇

除了木糖醇，还有一种甜味剂可以代替蔗糖，让我们的食物拥有香甜的口感，它就是赤藓糖醇。它是一种填充型甜味剂，是四碳糖醇，分子式为 $C_4H_{10}O_4$。

赤藓糖醇可由葡萄糖发酵制得，为白色结晶粉末，具有爽口的甜味，不易吸收，在口中溶解时有温和的凉爽感，适用于多种食品。

赤藓糖醇不能被人体代谢，也不被人体或肠道内细菌所吸收。其中，90% 可以直接通过尿液排出体外；剩下的 10% 经过肠道，通过粪便全部排出体外。

9. 碳水化合物会让人快速发胖吗

优优每天的早饭都丰盛极了，有时候是面包、牛奶加煎蛋，有时候是包子、油条加豆浆，有时候是米糕、蛋糕加米糊，还有每日不同的新鲜水果做搭配。

这当然离不开妈妈每天的用心准备。不过，优优发现一个问题，妈

妈每天几乎都不吃早饭。原来，优优妈妈最近参加了一个减肥打卡营，每天早晚都跳减肥操、做仰卧起坐，还要控制饮食。

今天的早饭是八宝粥和花卷，以及甜甜的小橘子，优优妈妈又没吃。

“妈妈，你每天不吃东西怎么行呢？”优优又担心又好奇，转头对正在跳减肥操的妈妈叹了一口气。

“我可不是什么都不吃！我只是拒绝碳水化合物，它们会让人发胖，我只吃黄瓜、水煮鸡胸肉，这些对我来说足够了。”妈妈一边大口喘着气一边向优优解释道。

果然是减肥“惹的祸”。“妈妈，我们家的早饭都是碳水化合物吗？那我吃了怎么不发胖呢？它们只让你发胖吗？”这三连问倒是问倒了优优妈妈。

小朋友，你觉得碳水化合物真的会让人快速发胖吗？

知识点

什么是碳水化合物

什么是碳水化合物呢？

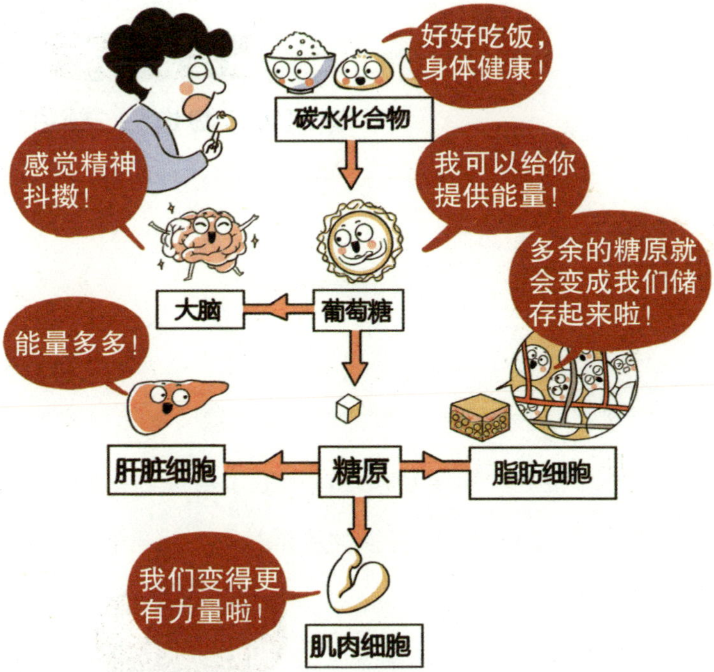

科学家发现糖类化合物由碳（C）、氢（H）、氧（O）三种元素组成，分子中 H 和 O 的比例通常为 2 ：1，与水分子（H_2O）中的比例一样，所以称为**碳水化合物**，可用通式 $C_m(H_2O)_n$ 表示。含碳水化合物的食物主要是谷类、蔬菜、水果、奶制品等。

其实，优优家的早饭确实基本上都是“碳水”，煮粥时用的米，制作面食用的面粉，以及制作点心用的糖，都属于碳水化合物。

碳水化合物是人体热能最主要的来源，它在人体内消化后主要以葡萄糖的形式被吸收利用，再以糖原的形式储存在肝脏和肌肉当中，并维持体内比较恒定的血糖浓度，让所有细胞都能获得所需能量。

不过，这里要注意的是，身体并不是不需要碳水化合物，而是不需要摄入过多的碳水化合物，“摄入”是需要同“消耗”等量齐观的，摄入过多而消耗不足以抵消时，多余的碳水化合物会转换成脂肪储存起来——这才是肥胖的根源，如果盲目地“拒绝碳水化合物”减肥，既不科学也不健康。

延伸思考

碳水化合物也分“颜色”

2018 年，英国 BBC 的一部纪录片《碳水化合物的真相》（*The Truth about Cards*）中，Xand 医师将碳水化合物分为三类，分别是“白色碳水”“黄色碳水”和“绿色碳水”。

白色碳水主要是指“糖”。超市贩卖的碳酸饮料、糖果及各式各样的加工食品中，都含有大量的糖，这种糖就被称之为“白色碳水”。

“淀粉”是黄色碳水。一般来自我们平时吃的主食，诸如米饭、面条、面包等，土豆、红薯、芋头之类的粗粮中也含有大量的淀粉，这些碳水被称为“黄色碳水”。

绿色碳水，就是水果蔬菜中含有的“膳食纤维”。而这些是好的碳水，这种膳食纤维是一种不能被胃肠道消化吸收，也不能产生能量的多糖，能够清洁消化壁、增强消化功能，同时保护脆弱的消化道。

Xand 医师认为肥胖的产生，正是由于多数人不健康的饮食习惯，即在摄入碳水时，过多地摄入白色碳水和黄色碳水，而绿色碳水摄入量严重不足。

Part 3

第三部分

走进奇迹般的大自然

10. 西红柿为什么能够“催熟”香蕉

明天是琳琳学校的开放日。学校会专门开放半天时间，请家长到校，和孩子们一起度过美好的校园生活。这次开放日的主题是：亲子水果沙拉。

琳琳放学回到家，开始为明天的水果沙拉准备食材，她最喜欢的水果是香蕉，她想把自己的水果沙拉做成一个香蕉船，上面载满各种各样的水果。

她来到厨房，查看家里都有哪些水果可以用，香蕉、葡萄、苹果、橘子、蓝莓……“嗯，这么多水果，够了！”琳琳心想着，掰了一根香蕉正准备吃，却发现香蕉的蒂还是青的。哎！香蕉不熟，那口感可就差多了！

“妈妈，这香蕉还没熟，我们再去买几根熟的吧？”琳琳来找妈妈商量。

“不是明天才用吗？我有个小妙招，保管明天的香蕉能变熟、变好吃！”妈妈信心满满地回答。

难道妈妈要变魔术吗？琳琳满腹疑惑，准备看妈妈的“魔法”。只见妈妈从冰箱里拿出几个西红柿，又从厨房架子上撕了一个保鲜袋，把西红柿和未成熟的香蕉一起放进了袋子里，还扎上了口。

这样就可以了？妈妈看到琳琳

怀疑的表情，笑着说：“放轻松！明天一早，敬请期待！”

第二天一早，香蕉皮果然变成了黄色，一点绿色的踪影都不见了。香蕉居然在一夜之间成熟了，这是为什么呢？

知识点

乙烯的作用

把成熟的西红柿和香蕉放在一起，香蕉就会变熟？没错，这个办法确实可行。那是因为成熟的西红柿，可以释放乙烯气体，催熟未成熟的水果。

乙烯（C_2H_4）原本存在于植物的某些组织、器官中，是由蛋氨酸在供氧充足的条件下转化而成的。植物在快要成熟的时候，乙烯就会被大量释放出来，帮助植物更好地成熟。

人们发现了这个现象，于是利用乙烯来催熟水果。成熟的西红柿、苹果，都可以产生天然的乙烯气体，这样未成熟的香蕉在乙烯的催化下，也会快速成熟。

延伸思考

水果商是怎么催熟香蕉的？

我们在家买少量香蕉时，可以用其他水果释放出乙烯气体来催熟。那么，水果商要销售那么多的香蕉，又是怎么催熟它们的呢？

香蕉大部分是在还未完全成熟时就采摘了，主要是为了运输方便。而准备售卖的时候，就需要通过特别的办法进行催熟。

第一种方法是利用乙烯气体催熟。给香蕉准备一个“催熟房”，按容积 0.1% ~ 0.2% 的乙烯气浓度充气。密闭 1 ~ 2 天后取出香蕉，2 ~ 3 天香蕉会逐渐黄熟。

第二种方法是利用乙烯利催熟。乙烯利是一种人工合成的植物激素，当乙烯利的水溶液进入植物表皮后，就会被分解，释放出乙烯气体，进而促进果实成熟。香蕉数量较少时，可以直接放入乙烯利溶液里浸泡 1 分钟，沥去药液，装入塑料袋，放到适宜的温度下。香蕉数量多时，可用喷淋的方法，再用塑料布覆盖香蕉，使其产生乙烯气体，起到催熟作用，1 ~ 2 天后揭除塑料布，2 ~ 3 天即可黄熟。

11．"水垢"是怎么形成的

今天，佑佑家有客人来。妈妈安排佑佑在家负责整理家务，清洗水果和烧水备茶。

前两项佑佑很快就做好了，他刚拿起电热水壶，打开盖子准备接水，就发现电热水壶内壁有一块块白白的东西，是落了灰尘吗？佑佑伸手摸了摸，硬硬的，用手指根本擦不掉，佑佑又用厨房里的刷子刷，也不能完全刷干净。

这可怎么办？这水是烧还是不烧？烧出来的水会不会也"变脏"呢？佑佑决定去找妈妈，并把事情的原委告诉了妈妈。

"呵呵，这些白的东西呀，叫作'水垢'。妈妈有办法去除它们！不过，现在水壶里的水垢还不是很多，先烧水也是没问题的。"

佑佑接满了水，按下开关准备烧水，可是脑袋里却充满了疑惑：水壶里那些水垢是从哪里来的呢？来自水里吗？

知识点

认识碳酸钙

“水垢”，听起来就像是水的“污垢”，其实并不然，有水垢反而说明我们喝的水里是富含“矿物质”的。为什么这么说呢？因为水垢的主要成分为**“碳酸钙”“碳酸镁”**，它们来自大自然的地下或江湖河流的水中。**当含有钙离子或镁离子的水烧开后，这些矿物质就会析出，附着在烧水容器的内壁上**。

科学实验证明，钙和镁作为矿物质，不但对我们人体无害，相反对我们骨骼生长、牙齿坚固都有一定的好处。人们之所以讨厌这些烧水容器内壁上的水垢，是因为它们的存在会影响烧水容器的使用效率和使用寿命。

延伸思考

怎样去除水垢

水垢虽然无毒，但会影响器物的使用，我们还是需要进行定期清除的。其实，清除水垢的办法，也是根据碳酸钙的特点，选择能“降伏”它的化合物就可以了。

第一种方法是用醋或柠檬。它们都是我们生活中常见的物品，可以在超市买到。醋里的醋酸和柠檬里的柠檬酸，都能和水垢里的碳酸钙或碳酸盐发生反应，产生可溶于水的矿物质和二氧化碳气体。

第二种方法是使用小苏打。小苏打，即碳酸氢钠，微碱性，和碳酸钙混合后，会使水垢的中性物质活性减弱，变得更容易清除。不过，使用时建议戴上手套哦！

12. 温室效应的罪魁祸首

周末，爸爸妈妈带天天去摘草莓。

天天爸爸把车停到了一片田地边上，天天下车环顾四周，这里不就是农田吗？哪里有草莓呢？在爸爸的带领下，天天和妈妈穿过矮矮的灌木丛，来到了一片罩着塑料膜的大棚边，有一个老爷爷还向他们招手："来这里摘草莓！"

初春的天气，还有些寒冷，天天裹了裹衣服，小心翼翼地向老爷爷的大棚走去。

走进了大棚，天天顿时感觉暖和多了。大棚里面一垄一垄的草莓，正茁壮地生长着。有的草莓已经成熟，又红又大，都垂在了地上。

爷爷告诉天天，多亏有了温室大棚，阳光可以透过塑料膜把热量传递进来，而塑料膜又可以很好地阻隔室外温度，不让里面的热空气向外散发，因此给草莓提供了一个“暖暖的”家。所以，人们能够在初春就吃到最新鲜的草莓。

“温室虽然对种植植物来说是有利的，可是我们地球现在也像个大温室，对我们人类来说却不是什么好事啊！现在地球的地表温度，每年都在攀升。”天天爸爸在一旁边摘草莓，边对天天说。

“可是并没有人给地球盖薄膜啊？”天天疑惑了。

“当然有了，这个‘膜’啊，就是二氧化碳。”

天天更疑惑了：怎么又扯到了二氧化碳呀？

知识点

二氧化碳的作用

二氧化碳本身在自然界中就大量存在。动植物的分解、发酵、腐烂、变质都会释放出二氧化碳；火山爆发，自然山火，煤炭、天然气燃烧，也会释放出二氧化碳；所有动物在呼吸过程中，都会呼出二氧化碳。

这些天然的二氧化碳也是地球温度得以保持的关键：当太阳把热量传递给地球后，地球表面受热会向外放出长波辐射。而这些长波辐射被大气中的二氧化碳吸收，热量无法散逸出去，二氧化碳就像是一个“厚被子”，帮助保持地球表面的温度。科学家把这个现象称为**温室效应**。

但是，空气中的二氧化碳如果过量，过多的热量无法散逸，地表温度就会增加。科学家认为，是人类生产生活产生的二氧化碳一直在持续增多，才导致了大气中二氧化碳含量的整体上升。

延伸思考

如果地球上没有二氧化碳会怎样？

也许有的小朋友会想，既然二氧化碳会引起温室效应，那么，大气中要是没有二氧化碳该多好啊！其实，上面的故事已经告诉我们二氧化碳的巨大作用，是帮助地球保温，如果没有二氧化碳的一个直接后果就是，地球会成为一个寒冷的星球。

另外，二氧化碳也是地球上植物赖以生存的气体，植物要进行光合作用，必须要吸收二氧化碳，才能释放出人类赖以生存的气体——氧气。如果没有了二氧化碳，植物无法生长，人类甚至都将灭亡。

所以，我们提到的控制二氧化碳的含量并不是消除它，而是让它处在一个可控的、均衡的范围内。

13. 打井打出的神秘气体

暑假，恺恺跟随爸爸妈妈回湖南老家。爷爷奶奶住在湖南衡南县的乡村，恺恺特别期待这次回乡之旅。

乡村对常年生活在城市的恺恺来说既陌生又新奇。在村子里可以到处串门，去另一个村子还需要乘船，村子里有人家里有喜事，还会邀请全村人去吃饭。

恺恺每天都在“新闻”里度过。今天他又遇到了个新鲜事儿，原来有一户邻居在自家院子里打井，邀请爷爷去帮忙。恺恺从来没见过“井”，更不要说打井了。恺恺问爷爷：“为什么要打井呢？我们用自来水不就行了吗？”他的问题逗得邻居、爷爷哈哈大笑。

爷爷带着恺恺来到了邻居家的后院，他这才恍然大悟。原来，在农村人们吃水用水都主要来自水井里的地下水，农村几乎家家院子里都有一口水井。打井就是在自己家院子里找出一块地方，向地下打钻、挖掘，一般挖 6 ~ 8 米，就会有地下水涌出来。

这几天，恺恺每天都会去邻居家，饶有兴趣地坐在屋檐下看大人们打井。机器轰隆隆，咕咚咚，就这样过了两三天。这一天，恺恺刚进门就听后院有人喊：“出水了！”不过，话音还没落，又听到有人大喊：“快离远点！有气冒出来了！”

大家四散开来，恺恺在屋里透过窗户往外看，只见井口突然冒出了火焰还伴有水喷出来。还好大家都躲得远，没有人受伤。

恺恺很好奇：这是什么神秘气体？井里又为什么会冒火呢？

知识点

甲烷的作用

其实，从井底里喷出来的可以燃烧的气体，是**甲烷**，分子式是 CH_4。它是一种无色、无味的气体，遇到明火容易燃烧。人体少量吸入甲烷时是不会中毒的，但大量吸入就有一定的生命危险。

那井底为什么会有甲烷出现呢？

原来，在农村的地下可能埋藏有动、植物的遗体，经过长期的地质、化学作用后会形成了沼气并积聚。当打井师傅挖到这个沼气层时，沼气就会冲出来。

延伸思考

可燃气体

可燃气体是指能够引燃且在常温常压下呈气体状态的物质。例如，氢气、乙炔、乙烯、氨、硫化氢等。可燃性气体如果按照一定的比例混合，或者在密闭空间里，并在火源作用下，能够引起燃烧或爆炸。

我们生活中的可燃气体主要有：液化石油气、天然气、煤气、沼气等。它们在我们生活中有大用处：用天然气代替煤，可用于工业发电、居民做饭与采暖；用天然气制作氮肥，成本低、污染少；天然气还可以代替汽油，作为汽车的动力燃料，减少尾气污染。

但是，这些气体易燃易爆，我们还是应该尽量远离标有这些气体的场所和环境。

Part 4

第四部分

藏在身边的化合物

14. 银饰戴久了为什么会变暗

奶奶生病了，朵朵跟着爸爸妈妈去医院看望。

到了病房，只见奶奶神色暗淡，心情低落。细心的朵朵看到奶奶一直在摸自己的银手镯，这银手镯可是奶奶一直戴着的。

朵朵问奶奶："奶奶，您为什么一直抓着您的银手镯？是担心被别人拿走吗？"

奶奶忧心忡忡地说："一定是我有什么重病，你看这手镯都发黑了。"

朵朵仔细看了看手镯，果然不像商店里的那些银饰品，闪着银白的耀眼的光。奶奶的手镯不仅没有光泽，还非常暗沉、灰黑，不知道的，还以为是一个铁镯子。

爸爸走上前来，宽慰奶奶："妈！您说的这些都是不科学的。银饰戴久了就会变暗，再加上您整天担心病情，根本没时间擦拭它，变黑是很正常的。我来给您擦擦就好了！"

爸爸环顾了一下病房，拿起银镯子向洗手间走去，没过多久，爸爸就拿出了一只闪着银光的镯子。

"哇！爸爸！你是会变魔术吗？"朵朵惊奇地拍手叫好，奶奶看到自己的镯子恢复了往日的光亮，也变得开心起来，感觉病都好了一大半！

亲爱的小朋友，你知道银饰戴久变暗的原因吗？朵朵爸爸是用了什么神奇妙招让银镯子恢复光彩的呢？

知识点

硫化银的性质

实际上，很多久置的古银器表面都会有黑色物质。这层黑色物质主要为**氧化银**（Ag_2O），是银长期露置于空气中，被氧化所致。不过，今天我们要说的是佩戴在身体上的银饰，其外面的黑色物质就不是氧化所致了，而是硫化所致，叫作**硫化银**（Ag_2S）。

硫化银是怎么形成的呢？答案就在空气中和我们的皮肤上。

空气中含有硫化氢、一氧化硫等物质，人体的汗液中也含有硫，所以银饰中的银就会和硫化物起反应，生成硫化银，而硫化银是灰黑色粉末，所以附着在银饰上，就会让银饰变得暗淡无光泽。

延伸思考

如何去除硫化银

那么，在故事中，朵朵爸爸究竟用了什么神奇的办法让银手镯恢复光泽的呢？其实，清洁办法就在我们身边，那就是牙膏。

如果银饰脏了可以选择不含颗粒的牙膏清洗，直接用棉布蘸牙膏轻轻摩擦，擦完后再用清水清洗掉残留的牙膏即可。

还有一种办法，就是把发黑的银饰品放入锡箔纸，撒足够量的盐，倒入开水，过一段时间，银饰品也会变得闪亮如新！这是因为锡纸的材质是铝，铝和盐一起提供了电解质环境，用开水加热之后发生化学反应，通过电解质环境将硫化银还原成银。

15. 发令枪为什么会打出白烟

“现在是男子田径 400 米，请运动员各就各位！预备！”砰！一道白烟升起，接着传出一声枪响，小智像离弦之箭，“噌”地越过起跑线，向终点冲去。

坐在看台上的小野却没有像其他同学那样，欢呼雀跃地为小智加油。小野一旁的璐璐生气地戳了戳小野：“嘿！你在想什么呢！赶紧来当拉拉队，加油啊！加油加油！小智加油！”

小野望着裁判站立的高台，皱着眉头回答：“我在思考一个大问题。为什么发令枪会冒白烟呢？”

璐璐回答道：“体育老师不是专门在赛前告诉过我们吗？参赛的运动员要看发令枪，因为光速比声速要快得多，所以不要听到枪响再跑，而是看到白烟就可以起跑啦！”

“不不不，我问的问题是，白烟是怎么来的呢？”小野重申了自己的问题。这下可难倒了璐璐：是啊，发令枪是怎样打出白烟的呢？

知识点

五氧化二磷

发令枪打响后产生的白烟叫作**五氧化二磷**。五氧化二磷是一种白色粉末，化学式是 P_2O_5。

发令枪的火药药粉里含有氧化剂氯酸钾和发烟剂红磷。当扣动发令枪的扳机时，火药通过摩擦产生高温使氯酸钾迅速分解，其化学反应方程式为：

$2KClO_3 = 2KCl + 3O_2\uparrow$

生成的氧气马上使红磷发生剧烈的燃烧，燃烧产生的物质就是五氧化二磷，其化学反应方程式为：

$4P + 5O_2 = 2P_2O_5$

五氧化二磷的固体小颗粒分散在空气中，所以我们就看到了一股白烟。

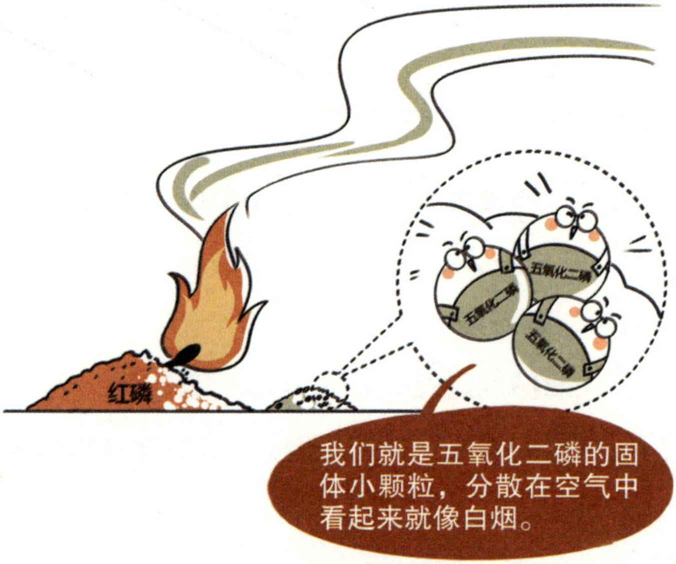

延伸思考

化学里的烟和雾

在日常生活中，我们对烟和雾并没有特别明确的区分。如果远处一片白茫茫，看不清楚，我们可以说那里一片白烟或雾蒙蒙的，大家都能心领神会那种看不清楚的状态。

不过在化学中，烟和雾是有明确区别的。

烟是大量细小固体颗粒分散在气体中形成的混合物。比如，我们讲到的五氧化二磷在空气中的状态，除此以外，铜在氯气中燃烧会产生棕黄色的烟，就是氯化铜粉末；金属钠在氯气中燃烧会产生白烟，就是氯化钠结晶粉末。

雾是大量细小液滴分散在气体中形成的混合物。比如，打开盛浓盐酸的容器盖子，会看到瓶口出现大量的白雾，这是浓盐酸挥发出来的氯化氢吸收空气中的水分所形成的大量盐酸液滴，分散在空气中形成的混合物。

16. 酒精着火为什么不能用水浇灭

今天，科学老师给同学们带来了一个圆肚子的玻璃瓶，里面还有一些透明的液体，玻璃瓶的头上还带着一个小帽子。

科学老师告诉同学们，“这个家伙呀，叫作酒精灯。它肚子里的‘透明液体’是酒精。今天老师要带同学们观察酒精燃烧时火焰的颜色。”

科学老师把讲台上的物品全部清理干净，只留下酒精灯。

为了保证安全，科学老师还要求所有同学都戴上护目镜，分小组来讲台前观看火焰燃烧的情况。每个人都屏住呼吸，又激动又紧张，像是观摩火箭点火的重要时刻。

只见科学老师把酒精灯的帽子摘掉，擦亮一根火柴，点燃了灯芯，同学们推推搡搡，都想凑近点儿仔细观察。忽然一只小手伸到前面，想摸一摸酒精灯。

这个动作还没来得及缩回去，酒精灯就倒了。顿时，灯内的酒精洒出，整个讲台的台面上全部燃烧了起来，同学们慌了神，四散开来，大声喊叫：“着火啦！着火啦！”

科学老师大呵一声，说：“同学们不要慌！快回到座位！”说着便立即拿起每个班级标配的小型灭火器，背对着学生，正面对着讲台喷洒起来，瞬间火就被喷灭了。

有的同学也很积极，拎着小桶一路小跑，去洗手间接了一桶水准备灭火。科学老师让提着水桶的同学坐回原位，并且非常严肃地告诉大家：“一旦酒精着火，千万不能用水来浇灭。”

小朋友，你知道酒精着火为什么不能用水来湮灭吗？

知识点

乙醇的燃烧

酒精里的主要成分就是**乙醇**，乙醇在常温常压下是一种易燃、易挥发的无色透明液体，如果不小心洒出，会散发出一种特殊的香味。

由于乙醇比水轻，一旦用水来灭燃烧的乙醇，结果就是水会迅速跑到火焰下面，带着火焰到处流动，不仅不会达到灭火的效果，还可能因为到处流动的火焰而扩大火势。

所以，千万不能用水去浇灭着火的酒精。

另外，我们在做化学实验时，使用完酒精灯，不可以用嘴吹灭火焰，而是要用酒精灯自带的灯盖从灯芯侧面给酒精灯盖上盖子，切断氧气，以此熄灭酒精灯。

延伸思考

还有哪些火不能用水扑灭？

发生火灾时，我们第一时间想到的就是用水扑救，不过下面这些特殊情况，和酒精着火一样，用水去灭火只会更危险。

汽油的密度也比水小，如果汽油着火用水扑救，轻质的汽油就会往上浮，浮在水面上的汽油仍会继续燃烧，并且会随着水到处蔓延，扩大燃烧面积。遇到汽油着火，应立即使用泡沫、二氧化碳或干粉灭火器等工具进行灭火，严禁用水扑救。

不可用水浇灭

电器发生火灾时，因为水能导电，所以也不能用水灭火。正确的方法是先切断电源，再用二氧化碳、干粉灭火器或者干沙土进行扑救，而且要与电器设备和电线保持 2 米以上的安全距离。

油锅起火时，也千万不能用水浇灭，因为水遇到热油会形成“炸锅”，使油火到处飞溅。扑救方法是，迅速将切好的冷菜沿锅边倒入锅内，火就自动熄灭了；或者用锅盖、能遮住油锅的大块湿布、灭火毯等遮盖到起火的油锅上，通过阻断氧气达到灭火的目的。

太有意思了！生活中的化学

化学反应篇

高盈恺◎编著

航空工业出版社
北京

内容提要

本书是一套专门为小学生定制的趣味化学读物。全书共 6 册，内容涵盖化学中的微粒、元素、纯净物与混合物、化合物、酸和碱以及多种化学反应。作者结合生活实际，以故事的形式，将化学知识系统地融入日常生活场景中，用通俗易懂的语言分析生活中的化学现象。书中还配有大量充满童趣的漫画，能够为孩子的阅读带来更多的乐趣。

图书在版编目（CIP）数据

太有意思了！生活中的化学 . 化学反应篇 / 高盈恺编著 . -- 北京 : 航空工业出版社 , 2023.7

ISBN 978-7-5165-3375-8

Ⅰ . ①太… Ⅱ . ①高… Ⅲ . ①化学 – 青少年读物 Ⅳ . ① O6-49

中国国家版本馆 CIP 数据核字 (2023) 第 087892 号

太有意思了！生活中的化学・化学反应篇

Tai Youyisi le!Shenghuozhong de Huaxue.Huaxuefanying Pian

航空工业出版社出版发行

（北京市朝阳区京顺路 5 号曙光大厦 C 座四层　100028）

发行部电话：010-85672688　010-85672689

三河市越阳印务有限公司印刷　　全国各地新华书店经售

2023 年 7 月第 1 版　　2023 年 7 月第 1 次印刷

开本：787×1092　1/16　　字数：43 千字

印张：3.5　　定价：150.00 元（全 6 册）

Preface

前言

化学，对于还没有系统地学习过它的孩子来说，可能会感到很遥远、很陌生。可事实上，我们的生活中处处有化学的影子，很多孩子感兴趣却又无法理解的问题都能用化学的相关知识来解答。

迄今为止，人类已经发现的化学元素有118种。各种化学元素构成了地球上的万物。认识化学元素、了解它们的基本性质，是孩子学习化学的入口，也会让他们发现化学的奇妙，领略化学的魅力。

我们每天会接触到各种物质，有的是纯净物，有的是混合物，可要想把它们区分开来，却不是一件容易的事情。像纯净水、纯牛奶虽然带“纯”字，却不是纯净物；冰和水混合后，还是同一种物质，所以是纯净物；生铁与铁虽然只有一字之差，却并不是一回事。

苹果切开后为什么会变色？吃菠萝后舌头为什么又麻又痛？萤火虫为什么会发光？蜡烛燃烧为什么会冒黑烟？到了秋天树叶为什么会变色？“暖宝宝”为什么能够持续发热？……不知不觉中，化学反应正在悄然发生。

切洋葱为什么会流眼泪？食盐放久了为什么会“返潮”？馒头为什么越嚼越甜？不锈钢栏杆为什么会长出铁锈？银饰戴久了为什么颜色会变暗？……了解了化学背后的奥秘，孩子才会知道身边看似寻常的现象其实非常神奇和有趣。

这套书就像一位睿智、可爱的向导，带领孩子们从生活中常见的现象出发，学习有关元素、微粒、纯净物与混合物、酸和碱、化合物以及化学反应的知识和原理。

全书故事通俗易懂，漫画生动有趣，符合孩子的阅读习惯，一定会给他们带来妙趣横生的阅读体验，也会让他们对学习化学产生浓厚的兴趣，从而为未来的化学学习打下良好的基础。

Contents

目录

01

神奇的大自然

02

身边的化学反应

03

燃烧的奇观

04

超级炫酷的化学实验

Part 1

第一部分

神奇的大自然

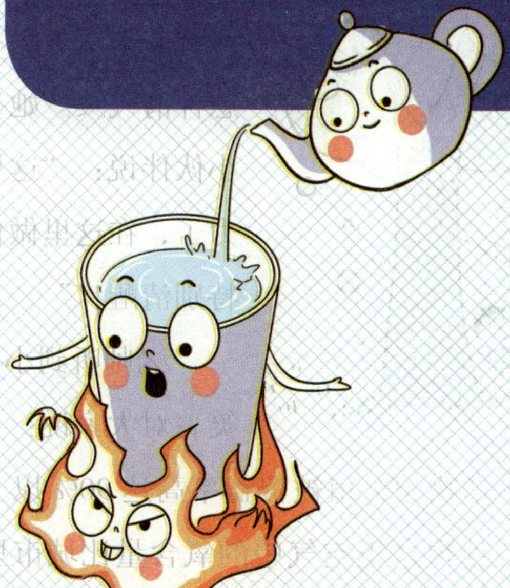

1. 植物为什么能够释放氧气

六一儿童节当天，学校组织同学们去植物园游玩。植物园坐落在一个山清水秀、环境优美的地方。这天植物园内人流量不大，园内格外静谧，偶尔可以听到远处小鸟的啁啾。

步行进入植物园没多久，花卉园里争奇斗艳的花朵便映入眼帘。再往前走是一片湖，周围郁郁葱葱的绿色植被和阳光下波光粼粼的湖面交相辉映，让人心旷神怡。沿着蜿蜒的木板小道再往前，便是笔直高大的水杉林。

小馨在林间伸了个大大的懒腰，大口地吸了一口空气，顿感神清气爽。她兴奋地对同行的小伙伴说：“这里的空气太有魔力了，在这里做作业我头脑一定特别清醒！”

老师听到小馨的“童言”，笑着对大家说：“小馨的话很有道理。我们参观的这个植物园，植被覆盖率高达 90% 以上。而植物通过光合作用释放出氧气，使得这里空气中的氧含量比城市里高很多，所以这里是名副其实的‘氧吧’呢！”

知识点

光合作用

你一定对“光合作用”这个词不陌生，那么你知道植物究竟是如何通过光合作用“勤勤恳恳”地制造氧气的吗？

绿色植物（包括藻类）的体内有一格一格的“氧气小工厂”——**叶绿体**，在光照条件下，这个“小工厂”把水与二氧化碳作为原料，转化生成有机物，并释放出氧气，这个过程就是**光合作用**，其间也实现了光能到化学能的转换。这种利用无机物制造有机物，为生态系统提供必不可少的能量的能力也让绿色植物被称为“生产者”。

除了给大自然的生物提供足够的氧气和有机物，光合作用还能维持大气中氧气与二氧化碳含量的相对稳定，可以说光合作用是地球上万物生灵赖以生存的基础。

光合作用的强弱可以被三个因素影响。

一是光照强度。那是不是光照越强，光合作用就越强呢？答案是否定的。当光照强度到达一定的程度后，光合作用便不再加强。二是二氧化碳的浓度。二氧化碳是光合作用的原料，适当地提高它的浓度，会使光合作用增强。三是温度。植物可以在10~35℃时进行光合作用，一旦温度超过35℃，光合作用就会减弱，甚至停止。

延伸思考

呼吸作用

白天，阳光下的绿色植物在孜孜不倦地进行光合作用，那夜晚时它们又在干什么呢？其实，不仅仅是夜晚，植物、动物、微生物等大自然的绝大多数生物每时每刻都在进行着呼吸作用。

呼吸作用不仅消耗氧气和有机物，而且还会产生一些作为重要化合物合成原料的中间产物，比如葡萄糖分解时产生的丙酮酸可以合成蛋白质。

2. 铜壶也会生锈

丽丽的爷爷家有一个红木柜子。爷爷常对丽丽说，红木柜子里边放的都是他的宝贝。每次去爷爷家，经过柜子时，丽丽都忍不住好奇地看一眼。

一天，丽丽拉着爷爷，想让他讲讲过去的故事。爷爷便打开了那个柜子，从里面取出一个古朴的铜茶壶，上面还有许多漂亮的花纹。

爷爷告诉丽丽，这个铜壶的年纪比丽丽的爸爸还要大。丽丽听了，便好奇地凑近看，只见茶壶的壶盖、壶身上都有一些斑驳，还有一些孔

雀绿与黑色交织的块状腐蚀物。她指着其中一块腐蚀物问道：“爷爷，这是它原本的花纹吗？”

爷爷笑着说：“这不是花纹，这是铜壶生锈了。”

这时，爸爸拿着食醋、清水和抹布走过来说：“爸，您这老古董也该清理清理，让它重新焕发生机了。”爷爷见状，忙摆手阻止：“唉，你懂什么，不用清理，这都是岁月的痕迹！”说完，便连忙抱起老铜壶往柜子里放。

丽丽听完，在心里嘀咕道：“我只知道铁块会生锈，原来铜壶也会生锈呀！”

知识点

“铜锈”是什么

长时间放置在潮湿空气里的铜制品和铁制品一样，都容易生锈。不同于铁与空气中的水、氧气反应生成红色的铁锈，**铜锈**是孔雀绿色的粉末状物体。

铜锈也叫作铜绿，是**碱式碳酸铜**的别称，化学式为 $Cu_2(OH)_2CO_3$，它是铜和空气中的水、二氧化碳、氧气共同反应生产的物质，该反应的化学方程式为：

$$2Cu + O_2 + H_2O + CO_2 = Cu_2(OH)_2CO_3$$

碱式碳酸铜在空气中加热会分解生成黑色的氧化铜、水和二氧化碳。

铜锈具有一定的毒性，人们误食后可能会造成急性肠胃炎，引起恶心、呕吐等症状，由铜锈导致慢性中毒时也可能会造成机体的神经系统紊乱。

铜锈在常温、常压下性质比较稳定，结构坚硬，可以说是铜制品的“保护壳”，可以防止潮湿的空气对器皿的进一步腐蚀。

延伸思考

去除铜锈的方法

如果我们常用的铜制品的表面生成了铜锈，不仅影响美观，而且影响使用。想要去除铜锈，我们可以试试“食醋浸泡法”。

为什么神奇的“食醋浸泡法”可以去除铜锈？奥秘就藏在其中的化学反应里。食醋中的醋酸可以与铜绿（也就是碱式碳酸铜）发生反应，生成可溶性的醋

酸铜、二氧化碳与水。之后，冲洗掉铜制品表面的可溶性铜盐，铜制品就会恢复以往的光鲜亮丽啦！

3. 切开后的苹果为什么会变色

晚上，莎莎正在书房复习功课，妈妈忽然走了进来，给她送来了一盘削好皮、切成片的苹果，还叮嘱她抓紧时间吃完。

当时，莎莎的注意力被一道难题吸引了，便随口答应了一声“好”，却一直没有去拿苹果来吃……过了一会儿，莎莎成功地解出了难题，满意地舒了一口气，可当她转头一看，却发现原本白生生的苹果肉变成了难看的褐色。

“咦，这是怎么回事？”莎莎感到很是奇怪，忙去问妈妈。

妈妈嗔怪道：“刚才我让你快些吃，就是因为切开的苹果很快会变色呀！不过，这样的苹果也是可以吃的，只是外层的营养成分降低了一些。要是放得时间再久些，苹果变了质，就只能扔掉了。”

莎莎也觉得有些遗憾。她想：要是有什么办法能让切开的苹果不变色就好了……

知识点

酚的氧化反应

无论是切开的苹果，还是削皮后的苹果，放置在空气中一段时间后，很快就会出现变色现象，这是为什么呢？

原来，苹果内部含有**酚类化合物**，这类物质具有特殊的芳香气味。它们与空气接触后，很容易和空气中的氧气发生化学反应，也就是**“氧化反应”**，变成**醌类化合物**，就是它们让苹果的切面改变了颜色。除了苹果，切开的土豆、茄子等也会在短时间内被氧化而变色。

切开的苹果或削了皮的苹果在空气里暴露的时间越长，就越容易和氧气发生反应，并且其切面的颜色就会变得越来越深。要是放置时间过长，切开的或削了皮的苹果不但会变色，里面的营养物质还会被分解殆尽，慢慢地，苹果就会出现变味、干瘪、腐坏等情况，这就说明苹果已经变质了，不再能继续食用了。

所以，苹果切开或削皮后应当尽快食用，最好在

15 ~ 20 分钟吃完，这时苹果的口感和营养价值是最佳的。

延伸思考

防止苹果变色的方法

要想让苹果在切开后不变色，或是延缓变色的速度，可以试试下面的办法。

我们可以把柠檬汁涂在苹果的切面上，这样柠檬汁里的柠檬酸和维生素 C 等就会优先被氧化，能够起到“牺牲”自己保护苹果果肉的作用。

我们还可以把切开后的苹果浸泡在淡盐水中，这样也能阻止苹果中的酚类化合物与空气中的氧气发生反应，不过盐可不能放多了，要不然就会破坏苹果本身的味道。

温度也可以改变氧化反应的速度。如果切开的苹果暂时吃不完，我们还可以用保鲜膜把它包起来，再放入冰箱冷藏室保鲜，这样也能减缓酚类化合物被氧化的速度。

4. 千奇百怪的溶洞

五一假期期间，光光和爸爸妈妈一起到桂林游玩。他们今天的行程是参观桂林的银子岩溶洞。

光光一家乘着小船，顺着蜿蜒的河流，很快就来到了洞口。一进洞，光光就感受到了什么叫“别有洞天”。虽然光线较暗，但洞内的钟乳石却如银子般晶莹剔透，不愧被称作“银子岩”啊！光光看到洞壁都湿漉漉的，远处还传来隐隐的水滴声。

越往里走，光光就越是对大自然的鬼斧神工赞叹不已。奇石将一幅幅画呈现了出来：那栩栩如生、惟妙惟肖的“三宝”——“佛祖论经”“独柱擎天”“混元珍珠伞”，光怪陆离的自然奇观逐渐在光光心中变得鲜活、生动。三十米高的“雪山飞瀑”由一串串似飞奔水流般的钟乳石组成，在白色的灯光下，不禁让人联想到“疑是银河落九天”那熠熠生辉的景象。

在绚烂瑰丽的钟乳石和石笋之间游览，光光不禁发出感慨：“这千奇百怪的溶洞真是大自然形成的吗？真是太不可思议了！”

知识点

从碳酸钙到碳酸氢钙

溶洞是石灰岩被含有二氧化碳的流水溶解、侵蚀而形成的天然洞穴。

大自然的降水从岩石的孔隙、裂缝中渗入，渐渐汇入增多，形成地下河。地下河的水流持续对岩石进行侵蚀、崩塌和搬运，使得洞穴进一步扩大。溶解在水中的二氧化碳会与石灰岩中的碳酸钙进行化学反应，形成溶于水的碳酸氢钙，其化学反应方程式为：

$CaCO_3+H_2O+CO_2 = Ca(HCO_3)_2$

这种含有二氧化碳的水对可溶性岩石的溶蚀和沉淀作用被称为**喀斯特作用**，也可以叫作岩溶作用，形成的地貌就是大名鼎鼎的喀斯特地貌。

不过，如果只有含有二氧化碳的水对岩石的侵蚀的“单方面努力”，是形不成那些千姿百态的钟乳石、石笋、石柱的。由碳酸钙到碳酸氢钙的过程是一个可逆反应，当受热或压强突然减小时，溶解在水中的**碳酸氢钙**又会“摇身一变”恢复原形，分解为水、二氧化碳和不溶于水的碳酸钙沉积于洞底、洞顶、洞壁，其化学反应方程式为：

$Ca(HCO_3)_2 = CaCO_3\downarrow +CO_2\uparrow +H_2O$

就这样，经历了数百年的反复“精雕细琢”，洞穴里溶蚀、沉积出了石灰岩的各种不同的神奇形态。

延伸思考

可逆反应

石灰岩中的碳酸钙在水和二氧化碳的作用下，会形成可溶性的碳酸氢钙；而在一定条件下，碳酸氢钙又可以分解、析出，形成碳酸钙沉淀。这种在同一条件下，既可以正向反应，又可以逆向反应的化学反应被称作可逆反应，也叫作对峙反应。

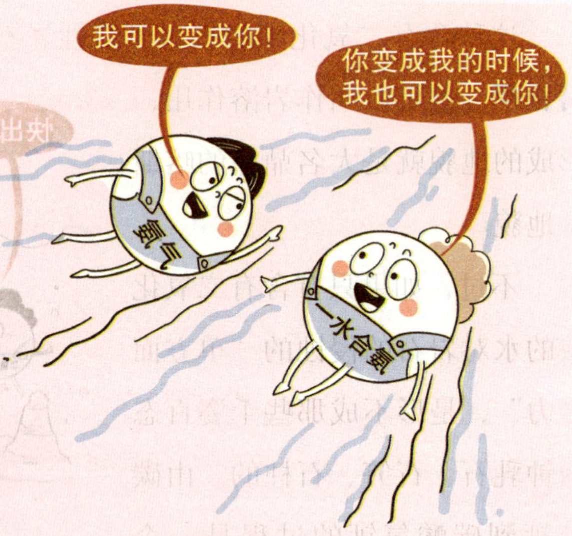

生活中绝大多数的反应都存在一定的可逆性，但是在一般条件下通常是单向的，通过改变条件，如转为密闭或高温环境，才可以使反应可逆。

可逆反应有以下特点：正、逆反应同时进行；发生反应的化学方程式箭头两边的物质互为反应物与生成物；无论进行多长时间，反应物都不可能完全转化为生成物。

我们以氨气在水中溶解的反应为例，其化学方程式为：

$$NH_3+H_2O \rightleftharpoons NH_3 \cdot H_2O$$

该化学方程式中间的可逆符号表示正、逆反应同时进行，在这个反应中，我们可以同时检测到氨气、水和一水合氨。这就是神奇的可逆反应！

5. 为什么吃菠萝舌头会疼

瑞瑞放学回家，看到妈妈买来了他最爱吃的菠萝，高兴坏了。他一个劲儿地催促妈妈赶快削菠萝，妈妈拗不过他，只好快步走进了厨房。

十分钟过去了，瑞瑞迫不及待地跑进厨房，只见妈妈已经将菠萝外面那层厚厚的皮削掉了，还把里面金黄色的果肉切成了小块。瑞瑞的馋虫都被勾出来了，他走过去抓起一块菠萝就要往嘴里放，妈妈赶紧拦住他：“别着急，菠萝得泡过盐水才好吃！”

瑞瑞没把妈妈的话当回事儿，趁妈妈不注意，偷偷拿了几块菠萝放进嘴里，却发现味道有些酸酸的，并没有他想象中的那么好吃。更糟糕的是，没一会儿，他就觉得舌头又麻又痛，嘴唇也痒痒的，很难受。

好在他吃的菠萝不多，不舒服的感觉慢慢就消失了。这时候，妈妈给他端来了泡过盐水的菠萝，他尝了尝，发现味道清甜可口，但是吃完后嘴里还是有些不舒服。

瑞瑞陷入了思考：“吃菠萝前为什么要先泡盐水呢？”

知识点

菠萝蛋白酶的分解反应

菠萝美味可口，很多小朋友都很爱吃，可是它的果肉里含有一种叫作“**菠萝蛋白酶**”的物质。我们吃菠萝的时候，这种酶会向我们的口腔内部发起“攻击”，使蛋白质发生“**分解反应**”（一种物质反应生成两种或两种以上的新物质），生成两种新的物质：多肽和氨基酸。蛋白质是组成人体细胞、组织的重要成分，这样一分解，人体的皮肤、黏膜细胞就

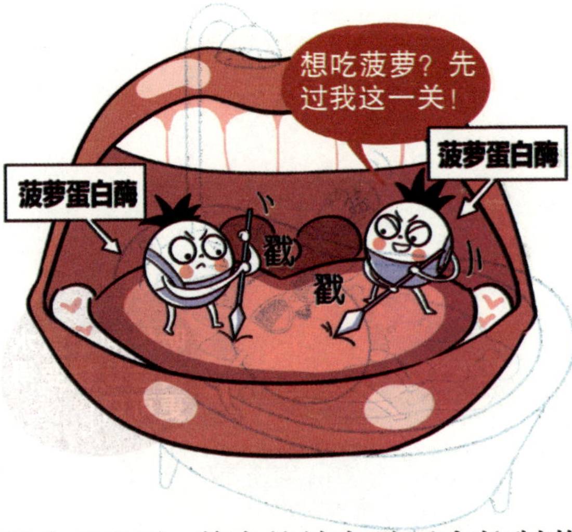

会遭到破坏，所以我们会感觉嘴唇、舌头、牙龈又麻又痛。如果吃太多菠萝，嘴唇、舌头、牙龈还有可能感觉到强烈的刺痛感和烧灼感。

大人们习惯吃菠萝之前先用盐水浸泡一会儿，是因为盐水（氯化钠溶液）可以溶解菠萝中的一部分有机酸，其中的钠离子还有抑制苦味的作用，所以菠萝的口感会从酸涩变得清甜，让人吃上去似乎也没那么“扎嘴”了。当然，要达到这样的效果，菠萝浸泡盐水的时间就不能太短，一般要浸泡半小时以上才行。

延伸思考

菠萝泡盐水的作用

盐水浸泡虽然可以改善菠萝的口感，但却并不能降低菠萝蛋白酶的活性。想要解决“吃完菠萝舌头疼”的问题，关键还是要想办法降低菠萝蛋白酶的活性，让它无法分解蛋白质。所以，有科学家建议把菠萝泡在60℃以上的热水中，经过这样的处理，菠萝蛋白酶就会失去活性。

当然，我们也可以直接把菠萝加上其他食材，在高温条件下烹制成营养美食，像菠萝饭、菠萝咕咾肉、菠萝鸡丁等，都是不错的选择。

此外，由于菠萝蛋白酶主要集中在菠萝的中心位置，所以在吃前可以先把这部分切掉，再用淡盐水浸泡剩下的部分，口感就会变得更好。

Part 2

第二部分

身边的化学反应

6. “暖宝宝”为什么会发热

随着闹钟铃声的响起，小敏睡眼惺忪地从床上挣扎着爬起来。她习惯性地打开窗帘，瞬间便被外面银装素裹的世界吸引住了。

“下雪了！我要下楼玩雪去！”

小敏迫不及待地想要下楼和雪花来个“亲密接触”。这时，妈妈叫住她说：“贴上暖宝宝再下去玩吧！”说完，妈妈细心地将暖宝宝隔着秋衣贴在了小敏的腹部和腿上。小敏不以为意，看暖宝宝一贴好，便裹上小棉袄、戴上小手套直冲楼下。

一下楼，小敏便被迎面夹杂着雪花的寒风打了个“措手不及”。她找了一块空地，开始滚雪球，打算堆个小雪人。这时，她露在外边的小脸蛋已经被冻得红扑扑的了。不过，渐渐地，她的小腹和腿上传来了一阵阵暖意。小敏这时才意识到暖宝宝的奇妙，觉得自己像个“小太阳”，在雪地里也不害怕寒风了！

小敏没想到，暖宝宝这薄薄的小身板竟然蕴含了这么多热量！小朋友，你知道它是怎么发热的吗？

知识点

生锈的放热反应

暖宝宝里究竟暗藏着什么玄机？你一定想不到，它发热的原因和生活中铁锈产生的原因是相同的。

在化学反应中，如果反应物的总能量大于生成物的总能量，就会发生**放热反应**，比如金属的氧化、物质的燃烧、由不稳定的物质变成稳定的物质等。

铁生锈的本质是一种缓慢的氧化反应，暴露在空气中的铁制品被空气中的氧气和水慢慢侵蚀氧化，形成铁锈，这个过程中就会放出热量。

人们利用**铁氧化放热**的原理，制作了撕开包装就可以缓慢放出热量的暖宝宝。

暖宝宝由原料层、明胶层、无纺布袋，还有外包装组成。外包装是不透气的，用来阻隔空气，使其无法进入无纺布袋内与铁发生反应。无纺布袋内是原料层，由活性炭、氯化钠催化剂和铁粉组成。之所以选用铁粉，是为了加大铁与空气的接触面积，加快氧化反应的速度。使用时，打开暖宝宝的外包装，使无纺布袋暴露在空气中，氧气就能从无纺布袋的小孔中进入，在催化剂的作用下，同铁粉发生反应，生成黑褐色的氧化铁，并放出热量。这就是小小的暖宝宝为什么会发出热量的奥秘！

延伸思考

生活中的其他放热反应

放热反应在生活中无处不在，除了利用“缓慢氧化”放出热量的暖宝宝，还有木炭的燃烧、烟花爆竹的燃放等。

另外，酸碱中和反应、金属与酸或水的反应、强碱的生成等也都是放热反应。比如我们熟知的“自热米饭”“自热小火锅”，也是利用放热反应来加热食物的。

人们利用放热反应，还大力发展了火力发电、金属冶炼、陶瓷烧制等领域。

7. 变色眼镜为什么会变色

周末，平平一家三口打算和表哥一起坐大巴前往郊外远足。平平坐在座位上等待发车，只见表哥戴着一个黑框透明眼镜走过来，他冲平平打了招呼后便坐在了她前面的位置上。

在大巴颠簸中平平一家和表哥来到了目的地。这是一处环湖风景区，绿荫环绕，空气也特别清新，大巴上的乘客陆续下车后，都纷纷感叹今天风和日丽，适合郊游。

平平下车后，看见表哥戴着一副黑色的墨镜，在阳光下冲她招手。平平跑过去，好奇地问：“表哥，你怎么这么快就换了一副眼镜？”

旁边的妈妈听到后，“噗嗤”笑出了声，表哥也一边笑一边拿下“墨镜”给平平看：“这就是刚才那副眼镜哦！”平平仔细端详，发现眼镜框确实和刚刚的一模一样，只不过镜片的颜色变成了深色。“这个是变色眼镜，当阳光强烈时它就会变成深色，要是回到室内等光线相对暗的地方，就又会恢复透明。”妈妈耐心地解释道。

平平心想：太神奇了，可为什么这个眼镜镜片会变色呢？

知识点

溴化银见光分解

在阳光下变成深色，回到室内又变回浅色，神奇的变色眼镜就像变色龙一样随着环境光线强度的变化而变化，这究竟是为什么呢？

秘密就藏在镜片里。

原来，在镜片生产过程中，镜片被加入了**溴化银**和少量氧化铜。溴化银是一种对光极其敏感的浅黄色粉末状物质。当紫外线强烈时，溴化银见光会分解生成溴和银，由于微小晶粒状的银呈暗黑色，所以当它们均

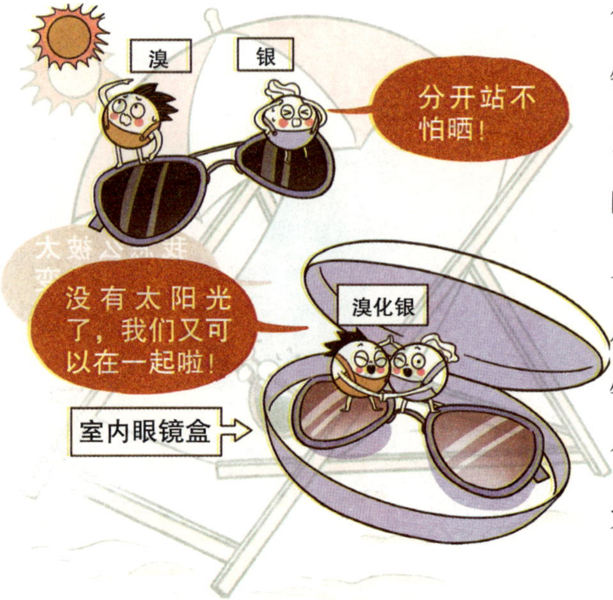

匀地分布在镜片上时，就会使镜片变暗，从而阻挡紫外线。当人们戴着眼镜来到光线较暗的环境时，镜片里的银和溴又在氧化铜这种催化剂的作用下，重新生成了浅色的溴化银。而此反应变化的速度、颜色的深度与所处环境的温度和紫外线强度有关。

溴化银可以根据光的强度不断地进行分解、结合反应，人们利用它这种特殊的随光调节特性，制成了可变色眼镜，用来帮助我们的眼睛更好地适应光线的变化，减少强光对眼睛的刺激。

延伸思考

溴化银的其他应用

除了在变色眼镜中可以看到溴化银的身影，在生活中的其他地方，它也发挥着不同的作用。

比如，同样运用了溴化银感光性的照相技术，就是在照相机胶卷的底片上涂上一层细密的溴化银，在拍摄不同场景时随着光线强度的变化，会让溴化银分解出不同程度的产物，形成底片上的黑白图像。

溴化银还可以与碘化银一起被用于人工降雨。自然界降雨的条件除了有小水滴外，还需要有足够的冰晶，也就是水滴在不溶于水的尘粒的作用下凝华而形成的胚胎。冰晶长大后下落成雪，如果云下温度高于0℃，便会形成了降雨。溴化银降雨在气象学中被称为冷云催化，当溴化银被播撒到大气中后，会因受热形成极细、极小的溴化银粒子，这些微粒随着气流运动到云中，凝华成几万亿到上百亿个冰晶，从而形成降雨。这种人工降雨的方式便捷廉价，因而被广泛使用。

8. 菠菜为什么不能和豆腐一起煮

多多报名参加了学校组织的“厨艺大比拼”活动。周末，她打算在家中定下合适的菜品，然后练习一下自己的厨艺。她在食谱大全上精挑细选良久，最终敲定了红烧排骨和土豆鸡块两个菜，但还差一个汤。多多没有什么思绪，决定先去厨房看看有什么食材。

刚走进厨房，多多的目光就被小菜篮里的菠菜吸引了。这一定是妈妈早晨刚从市场上买回来的，那青翠欲滴的叶子看上去很能激发人的食欲。接着，她又打开了冰箱，看到一块白白嫩嫩的方块豆腐。于是，多

多一拍脑门，决定做一道菠菜豆腐汤！

定下参赛菜品的多多兴冲冲地跑入房间咨询“参谋长”——妈妈。妈妈听完，笑着对她说：“前面两个菜倒是不错，但最后这个汤需要换一个，因为菠菜和豆腐是‘死对头’，不能直接一起煮！如果你还是想做，最好提前将菠菜焯一下水。”

“为什么菠菜和豆腐不能直接一起煮呢？”多多疑惑不解。小朋友，你知道吗？

知识点

草酸和石膏的反应

为什么多多的妈妈不推荐菠菜和豆腐直接一块儿煮呢？这是因为豆腐在制作过程中都需要点卤。点卤一般使用的是石膏或盐卤，石膏的主要成分是**硫酸钙**，盐卤就是将海水或盐湖水制成盐后，残留于盐池内的母液蒸发冷却后析出的**氯化镁结晶**，这两种物质都可以使分散的蛋白质胶体聚集，挤干水分后，就可以做成豆腐了。

而菠菜中含有大量的草酸。如果是用石膏点的豆腐，草酸就会与石膏中的钙离子发生反应，生成不溶于水的草酸钙；如果是用盐卤点的豆腐，草酸也会和其中的镁离子发生反应，形成草酸镁沉淀。这两种不溶于水的沉淀物被人们食用后，虽然大部分会被排出体外，一部分会被胃酸溶解，但经常食用，会影响身体对钙离子的吸收，还容易引起输尿管结石、肾结石等疾病。

不过，如果我们在做汤前，先将菠菜焯一下热水，就可以把菠菜中的草酸溶于水中，这大大降低了菠菜中的草酸含量，还不会破坏菠菜原有的营养。用焯水后的菠菜与豆腐进行烹饪，就会减少草酸钙的形成，这样我们就可以放心地食用啦！

延伸思考

不能一起吃的食物

享受美食，是人生的乐趣之一。但我们在大快朵颐之时，要认识到有些食物应尽量避免一起食用。

比如吃海鲜时，要注意不要畅饮啤酒，因为海鲜中含有大量的嘌呤与苷酸，而啤酒中含有大量分解嘌呤和苷酸的催化剂——维生素 B_1。如果经常在吃海鲜时饮用啤酒，就会导致血液中的尿酸含量增加，引起高尿酸血症或者痛风。另外，人们在吃海鲜时也要避免食用富含鞣酸的水果，如柿子、石榴、葡萄、山楂等，因为鞣酸会和海鲜中的蛋白质发生反应，沉淀凝固，生成不易消化的物质，引发腹胀、腹痛、腹泻等胃肠道的不良反应。

不过，我们也不需要对这些食物相互反应过于紧张。因为只要不是长期食用，偶尔吃几次是完全达不到中毒标准的。

9. 火柴燃烧的秘密

暑假的时候，可可到乡下的奶奶家玩，看见奶奶正在用大灶头准备午饭。灶头下面烧的是柴火，奶奶准备先用火柴点燃一把细草，再来引燃干柴。可可从来没有用过火柴，于是好奇地凑上前，想要亲自体验一下如何使用火柴。在奶奶的指导下，可可从火柴盒里取出一根火柴，将火柴头往火柴盒侧面的红色砂纸上一划，虽然砂纸上留下了一道黑色的划痕，但火柴却没有什么反应。

“怎么没动静呢？我看奶奶就是这么点燃火柴的呀？”可可有些疑惑。

奶奶指出，可可划动火柴时的速度还不够快。可可听完后便再次尝试，火柴头果真快速燃起了一个跳跃的小火苗，还散发出一股刺鼻的臭味。

在点燃细草后，火柴还持续燃烧了一段时间。可可又尝试了几次划动火柴，她发现如果将火柴头向下拿，火苗会烧得更旺。奶奶担心火苗伤到可可，便拿走了可可手中的火柴。

可可意犹未尽，心想：太神奇了，这个小小的火柴身上有好多奥秘，它到底是怎么燃烧起来的呢？

知识点

氯酸钾的分解反应

一划火柴头，火柴就可以被点燃，并持续地燃烧。这不仅是因为火柴头上面有易燃物，还有赖于发明家的另一个“秘密小机关”——**氯酸钾**。

火柴分为火柴棍、火柴头和火柴盒。火柴头是由易燃物硫黄、催化剂二氧化锰和强氧化剂氯酸钾组成的，火柴盒侧面摩擦生火的部分则主要由发火剂红磷组成。

当我们划动火柴时，火柴头和火柴盒侧面发生摩擦，产生热量，使盒子侧面的红磷发火燃烧，**燃烧产生的热量让氯酸钾在二氧化锰的催化作用下发生分解反应，分解为氯化钾和氧气**，从而点燃火柴头上的易燃物硫黄，产生火焰和刺鼻的气体二氧化硫。氯酸钾分解反应方程式为：

$$2KClO_3 \xrightarrow[\text{加热}]{MnO_2} 2KCl+3O_2\uparrow$$

这个化学反应的条件是加热和添加催化剂二氧化锰。氯酸钾能持续地分解产生氧气，使火柴保持燃烧，引起更大的火焰。如果将火柴头向下，可以增加火焰与易燃物的接触面积，使火焰更旺。

延伸思考

打火机的原理

现在，我们在生活中用到火柴的时候越来越少，打火机已成为人们日常取火的新工具。这些小巧便携的打火机，只要被人们按动一下顶部的按钮，就会有火苗冒出。那么打火机小小的身躯里又暗藏了什么玄机呢？

原来，打火机的机身里藏着一种易燃物质——液化（压缩）丁烷。只要产生电火花，丁烷就会被点燃，产生火焰。一般，打火机的打火方式有两种，一种是火石摩擦，机内金属滚轮摩擦火石产生火星点燃燃料；另一种是用压电陶瓷打火，在电陶瓷受到压力后，产生电势差击穿空气产生电火花来点火。

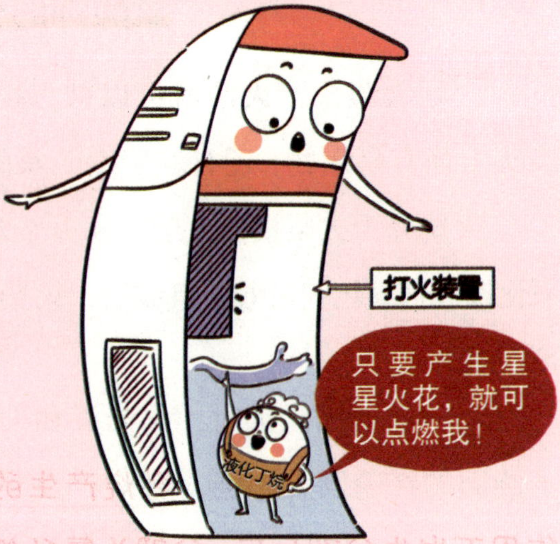

Part 3

第三部分

燃烧的奇观

10. 为什么纸比煤容易点燃

阿涛的爸爸妈妈工作很忙，他从小就跟着乡下的爷爷奶奶生活。阿涛的奶奶教了一辈子科学，几年前才退休。

阿涛的奶奶家虽然有煤气，但还是保留着烧炉子的老习惯，阿涛也很快就学会了烧炉子。这天放学，他如往常一样把煤炉提到院子里，倒干净煤渣，放上一个烧过的煤饼，再加上一些煤炭。当他正要用打火机点燃一卷废纸时，突然顿住了：要烧的明明是煤炭，为什么奶奶总是要我先点一卷废纸把煤炭引燃，这不是多此一举吗？我为什么不直接用打火机点燃煤炭呢？

说干就干，阿涛用火钳夹起一块煤炭，拿打火机烧了起来。烧了好一会儿，煤炭的边角总算有些隐隐发红——煤炭被点燃了。当阿涛把煤炭重新丢回煤炉里，却见这块煤炭并没有如预想的那样，把周围的煤炭迅速点燃，反而有熄灭的趋势。

阿涛不信邪，又用打火机一一点燃别的煤炭，当煤炉里大半的煤炭都被点燃后，所有的煤炭才一起燃烧了起来。阿涛放上新的煤饼，长出了一口气，这才发现自己额头都冒汗了，腿也蹲得又酸又麻。以往，阿涛一按打火机，就能轻松把纸卷点燃，再把点燃的纸卷投进煤炭里，煤炭也很快会燃烧起来，不知比现在快了多少。

这时，阿涛的奶奶走进屋里，奇怪地问："你今天烧炉子怎么用了这么久？"

阿涛解释了自己刚才的想法和做法，感叹道："我今天才知道，原来先点纸卷不是多此一举，而是事半功倍啊！"

奶奶笑了笑，说："实践出真知，你也算长了教训。不过你想过吗，为什么纸比煤炭更容易点燃呢？"

阿涛挠挠头，一脸茫然。聪明的你能帮帮他吗？

知识点

"着火点"的奥秘

着火点，又称**燃点**，是物质开始燃烧的最低温度，或者是火源移走后，物质仍能继续燃烧的最低温度。**着火点越高，物质越不容易被点着**。纸的着火点一般在 130 ~ 255.5℃，而发煤炉常用的无烟煤的着火点为 550 ~ 700℃，这无疑比纸的着火点要高很多。打火机火焰的温度一般为

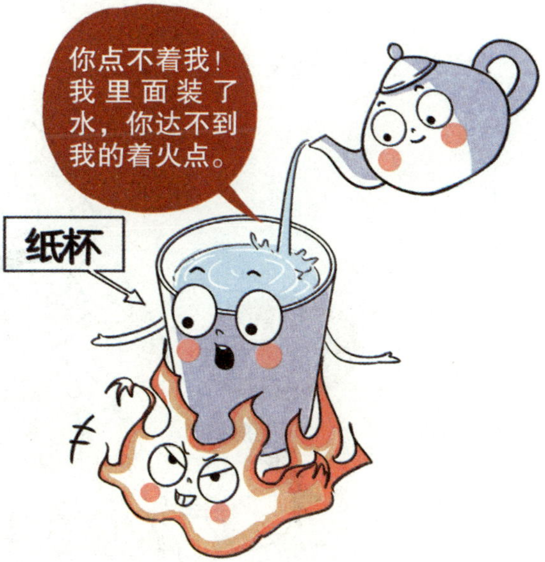

300 ~ 500℃，这个温度能够轻而易举地点燃纸张，但对于着火点较高的无烟煤，则需要更多的加热时间才能达到着火点并进行燃烧。这就是为什么点燃纸比点燃煤炭更容易。

而当一大卷纸卷一起燃烧时，火焰更大，温度也更高，比起打火机的一小簇火苗，纸卷的燃烧更加容易引燃无烟煤。

延伸思考

燃烧的条件

燃烧是生活中常见的现象，大到各种火灾，小到燃气灶、打火机、蜡烛，在我们的身边总是能见到燃烧现象，不过，你知道怎样才能发生燃烧现象吗？

燃烧有三个必要条件，缺一不可。首先，必须要有可燃物，也就是必须要有可以燃烧的物质，木材、纸张、布都属于可燃物，而石头、铁块、玻璃都是不可燃的物质；其次，燃烧必须要有助燃物，最常见的助燃物就是我们熟悉的氧气；最后，必须要使温度达到可燃物的着火点，达到这三个条件后才能引起燃烧现象。

11. 真金真的不怕"火炼"吗

三年级下半学期结束了，芸芸在成绩单上的班主任寄语一栏里，看到这样一句话："真金不怕火炼，希望你不论面对什么样的考验，都能永远坚强、坚定。"芸芸感动之余，又有些好奇，真金真的不怕"火炼"吗？她决定大胆尝试一把。

于是，芸芸从妈妈的首饰盒中拿出一个金光闪闪的金戒指，用镊子夹住，打着打火机对着金戒指就"炼"了起来。"炼"了好一会儿，金戒指也没有发生什么变化。妈妈下班回来后，看到芸芸的操作，吓了一跳，大声道："芸芸！你在干什么？"

芸芸被妈妈一吼，赶紧熄灭了打火机，小心翼翼地解释道："妈妈，我只是想看看金子是不是真的不怕'火炼'。"

妈妈见芸芸不是在胡闹，便缓和了神情，对芸芸说："俗话说的'真金不怕火炼'是说一般的火根本炼化不了金子，但金子其实也是怕火的，而且金的熔点在金属里不算高，其实称不上厉害。"

芸芸问道："啊？熔点是什么，它能用来衡量黄金怕不怕'火炼'吗？"

知识点

金子的熔点

熔点是指固态的物体由固态转变（熔化）为液态的温度。金的熔点是 1063.69~1069.74 ℃，在金属中，这个熔点并不算高。比如，我们常见的金属铁的熔点是 1538℃，铜的熔点是 1083.4℃。但为什么我们只说“真金不怕火炼”，却不说“真铁不怕火炼”呢？难道这句话是错的吗？

其实，“真金不怕火炼”更多说的是金的化学性质比较稳定，即使温度达到熔点，金也只会熔化，而不会与空气发生化学反应。

我们知道，熔化是一种物理现象，金依然是金，虽然状态变了，但物质构成却没有发生变化。当金水再次凝固后，又是我们熟悉的灿烂闪光的黄金。但是像铁之类的金属，如果暴露在空气中熔化时，很容易和氧气发生反应，即在熔化过程中又发生了化学变化，产生了新的物质，不再是纯净物了。

延伸思考

熔点和着火点的区别

熔点和着火点都带有“火”，说明两者都与温度相关。那么，这两个“点”有什么不同之处呢?

我们知道，熔点是物质熔化的最低温度，熔化过程中只发生物理变化，不发生化学变化；而着火点是物质燃烧的最低温度，这一过程既发生了化学变化，也伴随着物理变化。

有些物质有熔点，但没有着火点，如冰、玻璃、不锈钢、石头等；但有些物质有着火点，但没有熔点，如纸张、棉布、头发等；有些物质既有着火点，又有熔点，如塑料。

12. 烟花背后的化学魔法

又是一年一度的除夕夜。吉吉一家吃过年夜饭，便来到了阳台上。不一会儿，“噼里啪啦”的声音响起，四面八方升起的绚烂的烟花此起彼伏，照亮了整个夜空。

烟花真美啊！有的像盛开的花朵，有的像璀璨的流星雨，有的像流动的锦缎——不仅形态多样，颜色更是丰富，红色、黄色、绿色、蓝色、紫色……吉吉着迷地看着天空中的烟花，好久没有回过神来。

第二天，吉吉的寒假作文里就多了一篇题为《烟花》的作文，五彩缤纷的烟花被吉吉记录在笔尖纸端。爸爸看过吉吉写的作文后，夸赞道：“写得真好！看得出来，你是真的陶醉在了烟花的美中。不过，爸爸还想考考你，你知道美丽的烟花为什么能有这么多颜色吗？”

吉吉摇了摇头，脸上浮现出迷茫之色。爸爸笑了笑说：“其实，烟花的背后是化学魔法，这些美丽的色彩都是化学的力量。”

吉吉好想快点儿知道到底是什么魔法。小朋友，你知道吗？

知识点

焰色反应

焰色反应就是烟花背后的化学魔法。焰色反应是指某些金属单质或化合物在无色火焰中灼烧时使火焰呈现特定颜色的反应，例如，锂在无色火焰中灼烧时呈现紫红色，钠呈现黄色，钾呈现紫色，钙呈现砖红色，铜呈现绿色。

人们在烟花中特意地加入特定的金属元素，就会使烟花呈现出丰富多彩的颜

色。此外，人们也可以用焰色反应来检测某一种化学物中是否存在某种金属。

值得注意的是，焰色反应是一种物理变化，金属或化合物在火焰中只是灼烧，并非燃烧，虽然有些物质在火焰的温度下也可能发生化学反应，但与焰色反应没有必然的联系。

延伸思考

焰色反应的原理

焰色反应的原理是原子的跃迁。

当金属单质或其化合物在火焰上灼烧时，金属原子中的电子吸收热能，从能量较低的电子层跃迁到能量较高的电子层。但是，能量越高，电子越不稳定。因此，电子很快又会从能量高的电子层回到能量低的电子层。在这一过程中，多余的能量被以光的形式释放出来，改变了火焰的颜色。光的波长不同，颜色也就存在差异，这就是焰色反应的原理。

也正因为如此，焰色反应是物理变化而非化学变化，因为物质本身并没有发生改变。

13. 油锅起火为什么要盖上锅盖

小军的爸爸是一家五星级大酒店的厨师，烧得一手好菜。在爸爸的熏陶下，小军从小就对做菜感兴趣，还时常跟着爸爸下厨房，一边观摩，一边学习。

这天，小军家来了客人，爸爸自然要下厨好好招待一番，小军也照例在厨房给爸爸打下手。爸爸要做一道油炸大虾，这是小军最爱吃的菜，可惜爸爸嫌它不太健康，很少给小军做。

爸爸正在水槽边清理大虾，小军自告奋勇地帮爸爸往锅里倒油。可他忘了前面爸爸已经炒了好几道菜，这就使得倒在锅里的油温度上升得特别快。猛地一开火，只听“呼啦”一声，油锅里窜出一股橘黄色的火苗，像一个恶魔对着小军伸出舌头，要舔舐他。

小军惊叫一声，既自责又害怕，一时间手足无措。爸爸转身见到这一幕，立马关掉燃气灶，然后拿起一旁的锅盖把油锅盖住。不一会儿，张狂的火势就偃旗息鼓了。

小军对爸爸行云流水般的操作好生敬佩，不过，他还有一个小小的疑问：“爸爸，为什么你在水槽边，却不接水灭火，而是盖上锅盖来灭火呢？”

爸爸笑着说：“做菜这

么多年，碰到这种情况是常有的事，但油锅起火要盖上锅盖，是厨师们众所周知的操作，要说原因嘛，爸爸还真不知道。你能动动脑筋，告诉爸爸答案吗？”

知识点

隔绝氧气的灭火方法

在日常生活中，如果遇到油锅起火的情况，切记绝对不能用水来灭火。这是因为油的密度比水的密度小，用水灭火，油会浮在水面上继续燃烧，并且加入的水使油流动开来，导致油燃烧的面积更大，燃烧更加充分。这时，我们要另辟蹊径来熄灭油锅中的火。

氧气是燃烧过程中不可或缺的助燃剂，油锅起火时可以盖上锅盖隔绝氧气，隔绝了氧气，燃烧就无法持续了。这种通过隔绝氧气来灭火的方法被称为**窒息灭火法**。常见的二氧化碳灭火器就是运用这一原理来灭火的。

此外，起火时用湿麻袋、湿棉被覆盖燃烧物，是民众自发灭火时常用的方法，这些方法都是窒息灭火法的应用。

延伸思考

其他的灭火方法

日常生活中，还有哪些常见的灭火方法呢？

首先，我们要了解，燃烧有三个必要条件：可燃物、助燃物、温度达到可燃物的着火点。而灭火，就要从这三个必要条件着手，缺少任何一个条件，燃烧就无法继续了。

前面提到隔绝氧气的窒息灭火法就是通过阻断助燃物灭火的，同样，我们也可以从可燃物和温度着手来灭火。

从可燃物着手灭火的途径叫作隔离灭火法，这种方法就是将火源与周围的可燃物隔离开来，没有可燃物维持燃烧，火很快就会熄灭。在扑救森林火灾时，消防员会将火源周围的一圈树木、枯枝全部清理，形成隔离带，采用的就是这个原理。

从温度入手的灭火法叫作冷却灭火法，将灭火剂（主要是水）直接喷洒在可燃物上，使温度降低到可燃物的着火点之下，可燃物自然就无法继续燃烧了。

除此之外，还有一种灭火方法叫作抑制灭火法。抑制灭火法是使灭火剂参与到燃烧的化学反应中，阻断化学反应，从而终止燃烧过程。例如，用含氟、含溴的化学灭火剂喷向火焰，这些灭火剂会参与到燃烧反应中，并中断燃烧反应链。

Part 4

第四部分

超级炫酷的化学实验

14. 可怕的“法老之蛇”

临近“六一”儿童节了，三（2）班的班主任和各位任课老师商量后，决定每个人表演一个节目作为节日祝福送给孩子们。听到这个消息，同学们既高兴又期待。

盼星星，盼月亮，终于盼来了“六一”儿童节。老师们盛装打扮，依次登台。语文老师给大家朗诵了一首诗词，英语老师唱了一首英文歌，数学老师表演了一个扑克牌小魔术，最后轮到科学老师樊老师出场了！

只见樊老师端着一个大托盘走上讲台，依次把托盘上的东西摆开：一个方形的铺着一层沙子的玻璃器皿，两个装着白色晶体的烧杯，一个装着无色液体的烧杯，一个空烧杯，一个药匙，一盒火柴。同学们一看这阵仗，紧张起来：“樊老师，您不是要表演节目吗？这是要给我们上科学课吧？”

樊老师微微一笑，说：“谁说我拿着这些器材就只能上课？大家看好了！”说完，樊老师用药匙从一个烧杯中取出四勺白色晶体倒进空烧杯中，又从另一个烧杯中取出一勺白色晶体倒进已放入四勺白色晶体的烧杯中，并将其混合均匀。然后，樊老师将无色液体洒在沙子上，又将之前调制的混合物缓缓倒在洒了液体的沙子上，将其堆成一个锥形。做完这些，樊老师划燃火柴，点燃了沙子上的液体。过了一会儿，从白色的晶体堆里缓缓钻出了一条黑色的“蛇”。

同学们惊讶地看着这一幕，屏息凝神。只见这条黑色的“小蛇”怯生生地探出脑袋，然后慢慢地扭动着身体继续往外“爬”。很快，方形玻璃器皿外就“盘踞”了一条两指粗的“黑蛇”，空气中还弥漫着一股香味，场面看起来既诡异又有趣。

看着同学们目瞪口呆的模样，樊老师得意地说：“怎么样？我的‘法老之蛇’表演精彩吧？”

知识点

糖的燃烧与小苏打的分解

想要揭秘可怕的“法老之蛇”，我们先要知道樊老师带来的材料分别是什么。两个烧杯中的白色晶体，分别是白砂糖和小苏打。而另一个烧杯中的无色透明液体，其实是酒精。“法老之蛇”的出现，其实是点燃酒精后**糖的燃烧**和**小苏打的分解反应**。

糖不完全燃烧的产物中有碳，完全燃烧的产物主要是二氧化碳和水，“法老之蛇”蛇身的主要成分就是碳。而小苏打即碳酸氢钠，受热分解后，生成碳酸钠、水及大量的二氧化碳。这些二氧化碳会使白砂糖燃烧的产物碳变得蓬松多孔，成为一条碳柱。随着反应的进行，碳柱缓缓升高，看起来就像一条黑蛇从沙堆中爬出来一样。

在这个过程中，沙子和酒精并没有参与到反应中，沙子的作用只是为了增强实验效果，酒精只是起到引燃的作用。

延伸思考

生活中糖的燃烧和小苏打的分解现象

燃烧的本质是一种氧化反应。

糖的燃烧现象其实在我们身体内最常见。我们摄入的食物中几乎都含有糖，我们的身体会将这些糖分解成葡萄糖后进行氧化。可以说，我们的身体每时每刻都在进行着糖的燃烧，只是这种燃烧相对缓和。葡萄糖是人体最重要的供能物质，它在人体内可以迅速氧化分解，生成水和二氧化碳，并释放能量供给生命活动。

小苏打是生活中常见的物质。我们在做面包、馒头时会加入一些小苏打

帮助发酵，这是因为小苏打受热分解后会产生大量二氧化碳气体，使面包、馒头变得松软多孔。此外，利用小苏打受热分解产生二氧化碳气体的特性，小苏打还被用于制作汽水、灭火剂等。

15. 口香糖可乐喷泉

最近，阿轩所在的小学正在举办“校园吉尼斯”活动，此次活动开设了很多项目让同学们挑战。这些项目既有常规的跑步、跳绳、转呼啦圈等，也有奇特的如钉纽扣、戴口罩、夹弹珠等，其中还有一个项目叫作“可乐喷泉”。阿轩对这个项目非常感兴趣，于是赶紧报了名。

为了制造出规模最大的“可乐喷泉”，打破这个项目的校园挑战记录，阿轩上网查了很多资料。

等到正式比赛的那天，评委老师给每个报名的同学发了一瓶 600mL 的可口可乐，让同学们制作“可乐喷泉”。除了阿轩，别的同学拿起可乐就开始又摇又晃，几番折腾后拧开瓶盖，一股“可乐喷泉”向上喷出，不过也就喷到几厘米就偃旗息鼓了。

阿轩则不慌不忙地拿出十粒口香糖，拧开瓶盖后丢进可乐中。几秒后，一股十几厘米高的“可乐喷泉”喷涌而出，十分壮观。

在同学们惊叹的目光中，阿轩当之无愧地拿下了“可乐喷泉”项目的冠军。小伙伴们一边祝贺他，一边向他请教制胜的秘诀。阿轩挠挠头，说：“我的这个喷泉是有名的‘口香糖可乐喷泉’，不过我也只是上网查了资料后依葫芦画瓢，到底怎么回事，我还不知道呢！”

小朋友，你知道吗？

知识点

二氧化碳的释放

无论是可乐，还是雪碧或芬达，很多汽水里都溶解有大量的**二氧化碳**。当汽水未开瓶时，二氧化碳都溶解在溶液中。想要制造壮观的可乐喷泉，就要让可乐中的二氧化碳又快又多地释放出来。那么，口香糖是怎么做到的呢？

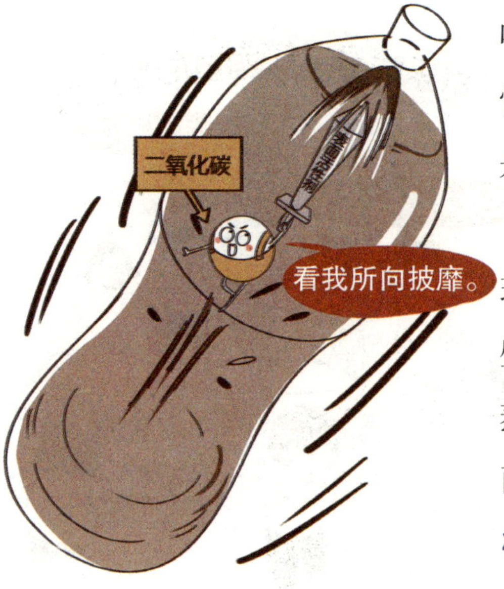

平时喝可乐时，你们有没有发现可乐的气泡总是附着在瓶身和杯壁上？这是因为气泡的生成就像水蒸气液化一样，需要附着在物体表面或某些颗粒上，这种现象叫作**成核现象**。

口香糖的结构疏松多孔，可以成为一个良好的产气“核”，这个产气“核”为二氧化碳成核提供了极佳的场所。当我们**把口香糖放入可乐中后，口香糖往往会沉底，大量气体从底部开始产生，推动上部的液体喷涌而出形成喷泉**。

此外，口香糖中有一种叫作阿拉伯胶的食品添加剂，这是一种表面活性剂，能够降低水表面的张力，使气体更容易“破水而出”。

延伸思考

影响气体溶解的因素

影响气体溶解的因素主要有压强和温度。我们不妨继续通过可乐来认识这些因素的作用。

当可乐未开封时，我们按一按瓶身，会发现瓶身十分坚实，根本无法按瘪。此时，可乐瓶中也见不到气泡，说明气体都溶解在液体中。

而一旦我们拧开瓶盖，会听到“哧”的一声，然后就会看到可乐的液面上方和瓶内壁上出现了许多气泡，这就说明二氧化碳的溶解度下降了。这就是压强因素的作用，压强越大，气体的溶

解度越大。

在制作可乐时，制造商会通过增大压强使大量二氧化碳溶解在可乐中，然后密封。一旦拧开瓶盖，压强降低，二氧化碳溶解度下降，气泡就纷纷冒出来了。

炎热的夏天，当我们从冰箱里拿出冰可乐时，会发现可乐瓶的内壁很快会出现许多小气泡，此时压强并没有改变，影响气体溶解度的因素是温度。温度越低，气体的溶解度就越大。从冰箱拿出来的可乐，温度升高，气体溶解度下降，气泡就会大量产生。

16. 神奇的“热冰”现象

今年，小迪的哥哥参加高考，考上了化工大学，终于可以走上自己喜欢的化学之路了！接到通知书的那天，一家人都很高兴，小迪陪哥哥坐在沙发上，笑嘻嘻地问：“哥哥，你为什么喜欢化学呀？化学是像炼金术师那样能够‘点石成金’吗？”

哥哥自信地说：“‘点石成金’哥哥做不到，不过，‘点水成冰’还是可以的。小迪，你明年就要上四年级了，应该知道水在什么条件下才能结冰吧？”

小迪说：“我知道！水要在0℃以下才能结冰。”

哥哥点点头，说：“不错，那现在就让哥哥给你演示一下常温下如何‘点水成冰’吧！”

在小迪期待的目光中，哥哥走进厨房，找出小苏打和白醋，然后取

出一口锅放在燃气灶上。接着，哥哥在锅里加入了一些小苏打和白醋，静置一段时间后，在锅中加入清水，打开燃气灶，调至小火慢慢加热混合溶液。这个过程用了很长的时间，小迪都忍不住打哈欠了，哥哥却很有耐心，一直等到锅里的液体变得澄清，才把它倒在玻璃杯中，让其在室温下逐渐冷却。

一切准备就绪后，哥哥对小迪神秘地一笑，说道：“看好了！下面就是见证奇迹的时刻！”说完，哥哥用一根筷子蘸了点留在锅底的白色结晶，然后浸入玻璃杯内已经冷却的液体中。这时，神奇的现象发生了：筷子下端长出了一个毛茸茸的白色球体。哥哥把筷子拿出来，小迪仔细一看，筷子上的白球是雪白的晶体，这可不就是“冰”吗？

小迪惊讶地叫道：“真的是冰！这是怎么做到的？”

哥哥说：“这就是神奇的‘热冰’现象。怎么样，化学是不是很有意思呀？”

知识点

醋酸钠结晶放热

热冰不是冰，而是醋酸钠结晶。白醋是**醋酸**（CH_3COOH），小苏打是**碳酸氢钠**（$NaHCO_3$），小迪的哥哥将白醋和小苏打混合在一起，两者发生反应，就会得到**醋酸钠**（CH_3COONa）。

加入清水并加热后，得到了澄清的溶液及锅底的白色结晶，这说明醋酸钠已经无法继续溶解了，这时的澄清溶液是醋酸钠的饱和溶液。在常温中冷却后，醋酸钠的溶解度变小，但是溶液中还没有晶体析出，此时的醋酸钠溶液处于过饱和状态，形成了一个微妙的“亚稳态”。

小迪的哥哥在筷子下端蘸了一些醋酸钠结晶，然后浸入这份过饱和溶液中，这种“亚稳态”就迅速被打破了，溶液中的醋酸钠附着在筷子头上不断析出，形成小迪看到的白色晶体球。由于这种白色晶体和冰晶十分相似，看起来就好像筷子头上结出了一个大冰球，又由于**结晶的过程是一个放热的过程**，所以这种“冰”又叫作热冰。

延伸思考

过饱和

把食盐或白砂糖放进水里，不一会儿，食盐或白砂糖就会消失，这种现象就是溶解。当我们不断增加食盐或白砂糖的量，就会发现最终食盐或白砂糖不再消失甚至不再减少，这就是饱和状态。在这个过程中，食盐、白砂糖属于溶质，水属于溶剂。

物质通常都有自己的溶解度。固态物质在 100g 溶剂中达到饱和状态时所溶解的质量就是该物质在这种溶剂中的溶解度。一般情况下，溶剂都指的是水。当溶液中的溶质浓度没有达到该溶质的溶解度时，溶液被称为不饱和溶液，此时的溶液可以继续溶解溶质；当溶液中的溶质浓度达到该溶质的溶解度时，溶液被称为饱和溶液，此时的溶液不能继续溶解溶质；当溶液中的溶质浓度超过该溶质的溶解度时，溶液就会析出溶质。

过饱和是指溶液中溶质的浓度已经超过这一温度、压力下溶质的溶解度，但溶液中仍没有溶质析出。过饱和溶液的存在，是因为溶质析出需要有结晶中心，即晶核，而溶液中不易形成晶核。但过饱和溶液的平衡是非常脆弱的，稍有振动或加入少量的溶质，溶液就会析出溶质变成饱和溶液。所以说，过饱和溶液是一种“亚稳定”状态。

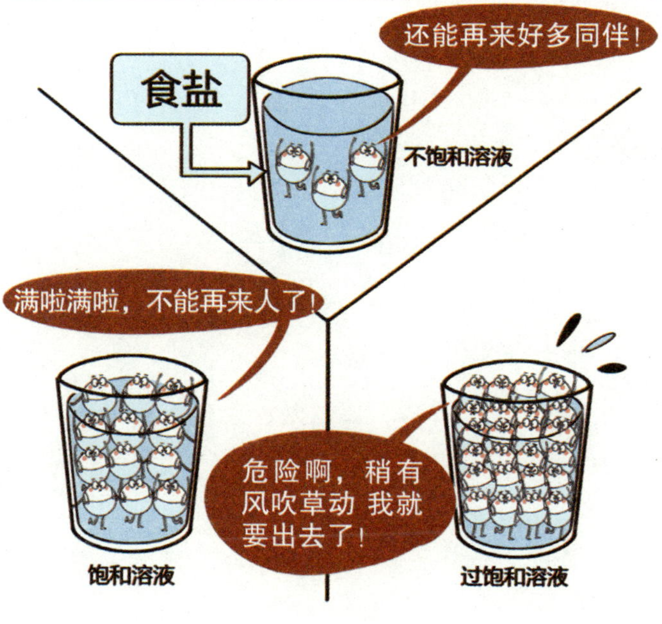

太有意思了！生活中的化学

酸和碱篇

童　非◎编著

航空工业出版社
北京

内容提要

本书是一套专门为小学生定制的趣味化学读物。全书共 6 册，内容涵盖化学中的微粒、元素、纯净物与混合物、化合物、酸和碱以及多种化学反应。作者结合生活实际，以故事的形式，将化学知识系统地融入日常生活场景中，用通俗易懂的语言分析生活中的化学现象。书中还配有大量充满童趣的漫画，能够为孩子的阅读带来更多的乐趣。

图书在版编目（CIP）数据

太有意思了！生活中的化学．酸和碱篇 / 童非编著．
-- 北京 ：航空工业出版社，2023.7

ISBN 978-7-5165-3375-8

Ⅰ．①太… Ⅱ．①童… Ⅲ．①化学－青少年读物
Ⅳ．① 06-49

中国国家版本馆 CIP 数据核字（2023）第 087893 号

太有意思了！生活中的化学·酸和碱篇

Tai Youyisi le!Shenghuozhong de Huaxue.Suanhejian Pian

航空工业出版社出版发行

（北京市朝阳区京顺路 5 号曙光大厦 C 座四层　100028）

发行部电话：010-85672688　010-85672689

三河市越阳印务有限公司印刷　　全国各地新华书店经售

2023 年 7 月第 1 版　　2023 年 7 月第 1 次印刷

开本：787×1092　1/16　　字数：43 千字

印张：3.5　　定价：150.00 元（全 6 册）

Preface

前言

化学，对于还没有系统地学习过它的孩子来说，可能会感到很遥远、很陌生。可事实上，我们的生活中处处有化学的影子，很多孩子感兴趣却又无法理解的问题都能用化学的相关知识来解答。

迄今为止，人类已经发现的化学元素有118种。各种化学元素构成了地球上的万物。认识化学元素、了解它们的基本性质，是孩子学习化学的入口，也会让他们发现化学的奇妙，领略化学的魅力。

我们每天会接触到各种物质，有的是纯净物，有的是混合物，可要想把它们区分开来，却不是一件容易的事情。像纯净水、纯牛奶虽然带“纯”字，却不是纯净物；冰和水混合后，还是同一种物质，所以是纯净物；生铁与铁虽然只有一字之差，却并不是一回事。

苹果切开后为什么会变色？吃菠萝后舌头为什么又麻又痛？萤火虫为什么会发光？蜡烛燃烧为什么会冒黑烟？到了秋天树叶为什么会变色？“暖宝宝”为什么能够持续发热？……不知不觉中，化学反应正在悄然发生。

切洋葱为什么会流眼泪？食盐放久了为什么会“返潮”？馒头为什么越嚼越甜？不锈钢栏杆为什么会长出铁锈？银饰戴久了为什么颜色会变暗？……了解了化学背后的奥秘，孩子才会知道身边看似寻常的现象其实非常神奇和有趣。

这套书就像一位睿智、可爱的向导，带领孩子们从生活中常见的现象出发，学习有关元素、微粒、纯净物与混合物、酸和碱、化合物以及化学反应的知识和原理。

全书故事通俗易懂，漫画生动有趣，符合孩子的阅读习惯，一定会给他们带来妙趣横生的阅读体验，也会让他们对学习化学产生浓厚的兴趣，从而为未来的化学学习打下良好的基础。

Contents

目录

01

酸和碱的真面目

02

大显身手的酸

03

那些离不开的碱

04

“疯狂”的酸和碱

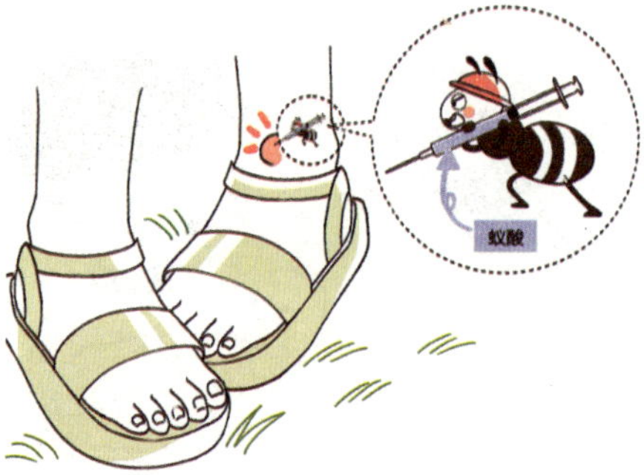

Part 1

第一部分

酸和碱的真面目

1. 离子的游戏

科学兴趣课上，老师在黑板上写下“酸”和“碱”两个大字，然后提问道：“同学们，你们在日常生活中遇到过哪些和这两个字有关的东西呢？”

同学们纷纷举手。磊磊说：“可乐，可乐又叫碳酸饮料，里面就有酸！”

“很好，”老师接着问，“还有吗？”

璐璐说：“醋，我爸爸说醋里面含有醋酸。”

小丽也马上站起来说：“今天我经过超市的时候，看到里面有一种饮料，叫‘弱碱水’。还有奶奶做馒头时，会用到一种叫‘碱面’的东西。”

磊磊又举手说：“我的遥控小汽车用的电池就是碱性电池。”

老师鼓掌道：“大家都说得非常好。只要用心观察就可以发现，我们生活中处处都有酸和碱。那大家有没有想过，这些酸和碱到底意味着什么呢？”

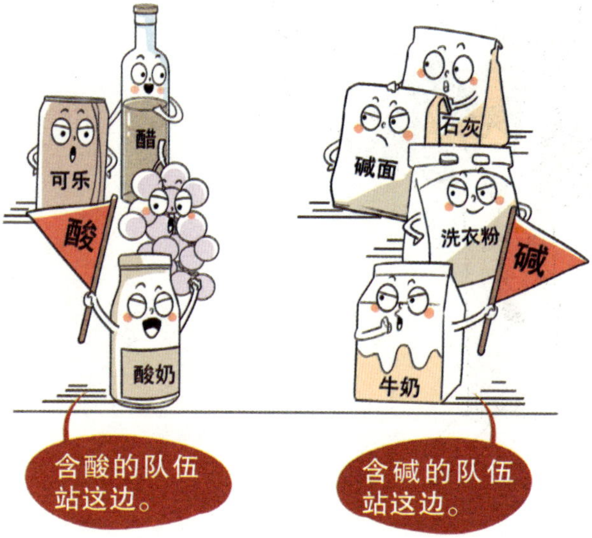

“吃起来酸酸的，就是酸！”磊磊抢先说了一句。大家哄堂大笑，都说磊磊是个吃货。

老师也笑着说：“磊磊说得有一定的道理。今天，老师要给大家讲讲，酸和碱本质上是一场离子的游戏。”

知识点

初识酸和碱

从化学的角度来讲，酸和碱是相对的物质性质。**酸**是指在水溶液中电离出的阳离子都是氢离子的化合物，而**碱**是指在水溶液中电离出的阴离子全是氢氧根离子的化合物。当物质溶解后，氢离子的浓度越高，溶液的酸性就越强，而氢氧根离子的浓度越高，溶液的碱性就越强。

在我们的日常生活中，酸和碱都是非常常见的事物。例如，我们之所以能够消化掉吃下去的食物，是因为我们的胃会分泌“胃酸”；当空气污染严重的时候，天空会落下“酸雨”；当我们做面点的时候，要用到“碱面”来让面团膨胀；“碱性电池”能让遥控小汽车动起来……所有这些生活中的酸和碱，我们接下来都将一一去认识。

延伸思考

酸和碱被认识的过程

早在 1200 多年前，阿拉伯人就制出过硫酸和硝酸。不过在那个时候，人们只是单纯地认为，具有酸味的物质就是酸。

到了 17 世纪，科学家们开始系统地研究酸和碱的性质。他们发现，除了有味道和能让指示剂变色以外，酸和碱还有一些其他的性质。酸能与金属发生置换反应，放出氢气；碱能与酸发生中和反应，生成盐和水。

科学家们又开始研究酸和碱的成分。到了 19 世纪初，科学家们提出了“氢才是组成酸的必要元素”。1883 年，化学家更新了酸碱理论：电离时所产生的阳离子全部是氢离子的化合物叫酸，所产生的阴离子全部是氢氧根离子的化合物叫碱。直到现在，这个理论仍然被大众所接受。

在学术界，关于酸和碱的定义还在不断拓展，人们甚至从质子的层面来讨论物质的酸碱度。小朋友，你如果对此感兴趣，以后可以去深入地了解这些复杂的理论知识哦！

2. 一张纸区分酸和碱

刚放学回到家，文文就听到奶奶在厨房叹气，她关切地问："奶奶，您因为什么事情不开心呀？"

奶奶愁眉苦脸地说："老糊涂了！我把之前剩的一点碱面和做蛋糕用的塔塔粉分别用透明塑料袋装着放在柜子里，现在我都分不清哪个是碱面了。"

文文转动大眼睛，认真思考了一会儿，对奶奶说："您别急，让我来试试。"说完，她从书包里拿出一个小纸盒，让奶奶帮她准备了两杯清水。文文用两把小勺子分别从两个塑料袋中各舀一勺粉末放入两杯清水中，然后用两根筷子分别搅拌使粉末充分溶解，紧接着她打开小纸盒，从里面取出两张小纸条，分别浸泡到两杯加了粉末的水中。

小纸条被浸湿后，慢慢变了颜色，只不过一张变成了黄色，另一张变成了蓝色。文文指着纸条变成黄色的杯子说："这杯加的是塔塔粉，另一杯加的是碱面。奶奶，这下你就不用担心搞混啦。"

奶奶开心地看着文文，不住地夸奖："文文可真能干！这种能变色的纸条是啥？这么

神奇。”

文文说：“这是我们今天在科学兴趣课上用到的 pH 试纸。”

知识点

认识 pH 试纸

我们首先了解一下什么是 pH 值。pH 是指氢离子的浓度指数，其中 p 是小写，代表德语中的“浓度”，而 H 是大写，代表氢离子。

人们用 pH 值来表示溶液的酸碱度。当 pH 值等于 7 的时候，表示溶液是中性的，如纯净的水；当 pH 值小于 7 的时候，说明溶液是酸性的，如食醋、柠檬水等，数值越小酸性越强；当 pH 值大于 7 的时候，说明溶液是碱性的，如肥皂水、石灰水、苏打水等，数值越大碱性越强。

pH 试纸是一种能快速辨别溶液酸碱度的工具纸。它是一种现成的试纸，使用时，撕下一条，在试纸表面滴上溶液，它的颜色会发生变化，

与标准比色卡比对，就可以知道溶液的酸碱度。这其中的奥妙就在于，pH 试纸上有**甲基红、溴甲酚绿、百里酚蓝**这三种指示剂。这三种指示剂会在不同 pH 值的溶液中，按一定规律变色。将它们适量混合后，就可以显示

pH 在 4.5 到 9 之间的变化范围，非常方便。

在刚才的故事里，奶奶用的碱面，是一种食用级的苏打粉，它的 pH 值在 8.1 左右，它的溶液会使 pH 试纸变成蓝色。而塔塔粉是一种弱酸性的食品添加剂，它的溶液可以使试纸变成黄色。虽然它们都是白色粉末，很难区别，但变成溶液后，用 pH 试纸测试很快就可以把它们分辨出来。

延伸思考

pH 试纸的使用注意事项

刚才故事中的小主人公文文为了方便，直接将试纸放进了溶液中，这在化学实验中属于不规范的做法。正确使用 pH 试纸时，要注意以下几点：第一，试纸必须在常温下使用，否则可能会导致数值不准确；第二，在实验室中，试纸不可以直接伸入溶液中，而应该用干燥的玻璃棒蘸取溶液，或者用胶头滴管吸取溶液，滴在试纸的中间部分；第三，试纸应该保持干燥，即使被蒸馏水打湿，也可能会影响测试结果；第四，试纸不可以测浓硫酸等强酸溶液的 pH 值。更多的操作细节，同学们一定要遵照实验室老师的指示哦！

3.“变脸”的紫罗兰

又到了科学实验课的时间，老师一进教室，同学们就发现他手里拿着一束紫色的花。

调皮的童童立马开始打趣道：“老师，您这是要在我们教室里卖花吗？”

老师故作神秘地说：“这花叫紫罗兰，今天，我要用它来变魔术。”

一听老师变魔术，同学们立马来了兴致。大家都盯着老师，生怕错过什么。

只见老师摘下几片花瓣，然后放进一个装着无色溶液的透明杯子里，过了一会儿，紫色花瓣居然渐渐变成了红色的。

同学们纷纷惊奇地喊出声。童童更是直接站起来大声说：“哇！想不到老师真的会变魔术！”

老师哈哈大笑，然后对童童说：“学习了今天这堂课，你也可以变魔术。”说完，老师就在黑板上写下“酸碱指示剂”几个字。

知识点

认识酸碱指示剂

酸碱指示剂是检测溶液酸碱性的化学试剂，它的出现要追溯到300多年前。

一位名叫**波义耳**的科学家在实验室里不小心把盐酸滴到了紫罗兰上。他将紫罗兰冲洗后，发现紫罗兰的花瓣由紫色变成了红色。波义耳立刻对这种现象产生了兴趣，他把紫罗兰的花瓣分别放进了其他几种酸性溶液中，结果花瓣都变红了。波义耳认为，是这些酸性溶液让花瓣变色的。此后，他又使用了各种植物来做实验，然后发现从石蕊苔藓中提取的液体最有趣，它可以让酸性溶液变红，让碱性溶液变蓝。这就是最早的酸碱指示剂。直到今天，**石蕊试剂**依然在我们的生活中被广泛使用。

相比酸碱指示剂，pH试纸不仅可以检测溶液的酸碱性，还可以准确地判断溶液的pH值。我们在使用时，要根据不同的情况来选择pH试纸或是酸碱指示剂。

延伸思考

自制酸碱指示剂

波义耳发现，许多植物的色素都可以在酸碱溶液中呈现不同的颜色。我们也可以根据这一特性来自制一些酸碱指示剂。

下面我们就以牵牛花为例，教大家自制酸碱指示剂。

首先，我们要摘取足够多的牵牛花，将花瓣放在研钵中捣烂，加入适量的酒精，浸泡 5 ~ 10 分钟后，用纱布将这些液体过滤到干燥的容器中，或者挤到干燥的容器里，就得到了用牵牛花花瓣汁液制成的紫色酸碱指示剂。遇到酸性溶液的时候它会变红，遇到碱性溶液的时候它会变蓝。这种方法同样适用于月季花、紫甘蓝、胡萝卜皮、紫草等。我们不妨利用身边随手可得的材料，多多实践，说不定还有新的发现。

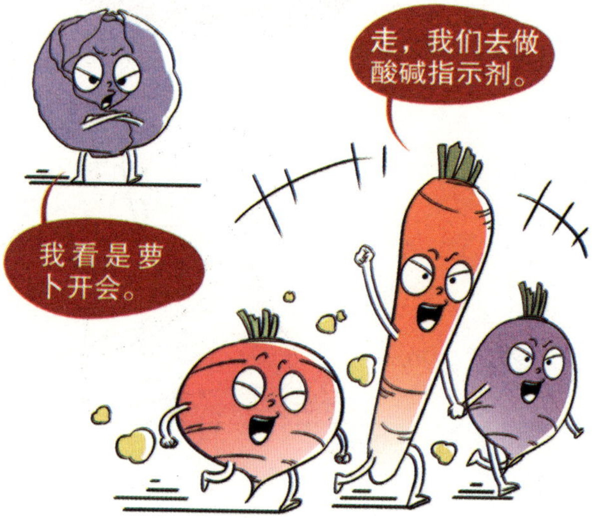

4. 当酸和碱相遇

自从学会自制酸碱指示剂后，月月就迷上了测试溶液酸碱性的小游戏。这天，她挤了一点柠檬汁在杯子里，然后用滴管吸取少量酸碱指示剂滴到杯子里，柠檬汁很快变成了红色。然后，她又准备了一小杯肥皂水，用滴管滴入少量酸碱指示剂，肥皂水很快变成了蓝色。

月月开心地把小实验的过程记录到笔记本上。“柠檬汁是酸性的，肥皂水是碱性的，”她一边记录还一边念叨，“变色游戏太好玩啦！”

突然，月月有了一个奇特的想法：“要是把酸性溶液和碱性溶液混合到一起，酸碱指示剂会变成红色还是蓝色呢？”

想要知道答案的月月立刻开始动手，她把柠檬汁和肥皂水混合在一起搅拌了一会儿，然后小心滴入酸碱指示剂。月月睁大眼睛等了好一会儿，杯子里的液体颜色依然没有发生变化。

“奇怪，”月月自言自语地说，“到底是哪里出问题了？”

小朋友，你知道发生了什么吗？

知识点

中和反应

月月不知道的是，酸性溶液和碱性溶液混合后会发生“中和反应”，混合溶液的酸碱性悄悄发生了变化。

中和反应是指酸和碱相互交换成分，生成盐和水的反应，**它的实质是酸性溶液中的氢离子和碱性溶液中的氢氧根离子结合生成水的过程，通常还伴随着放热现象**。不管反应进行到哪种程度，只要酸碱发生了反应就叫中和反应。

中和反应在我们的实际生活中随处可见。例如，我们在蒸馒头时，可以在面粉里加一些纯碱，用来中和面粉发酵时产生的酸，这样蒸出来的馒头就会更可口；有些人长期饮食不规律，造成胃酸分泌过多，胃部有灼烧的痛感，医生会让其服用抗酸药——复方氢氧化铝来缓解这种不适，实际上就是利用了氢氧化铝与胃酸发生中和反应。

在工业生产中也经常需要用到中和反应。工厂里的废水通常都具有酸性或碱性，如果直接将废水排放到河流中，就会造成水污染，所以需要先将废水进行一系列的处理再排放。碱性污水需用酸性物质来中和，酸性污水需用碱性物质来中和。

延伸思考

在实验中如何判断中和反应是否发生

人们在做实验的时候发现，酸性溶液和碱性溶液发生中和反应，在一般情况下没有明显的外观变化。那么该如何判断中和反应是否发生了呢？这个时候，酸碱指示剂和 pH 试纸就派上用场了。

我们可以在实验用的一种溶液中加入酸碱指示剂，等溶液显示颜色后，再慢慢加入另一种溶液，如果溶液的颜色慢慢消失，就说明中和反应正在发生。另外，我们也可以先用 pH 试纸测定一种溶液的 pH 值，等加入另一种溶液后再多次重新测定。如果测得混合溶液的 pH 值逐渐变大或变小，就说明两种溶液发生了中和反应。最后，我们还可以利用中和反应的放热现象，测出两种溶液混合前后的温度，如果发生了变化，也可以证明两种溶液发生了中和反应。

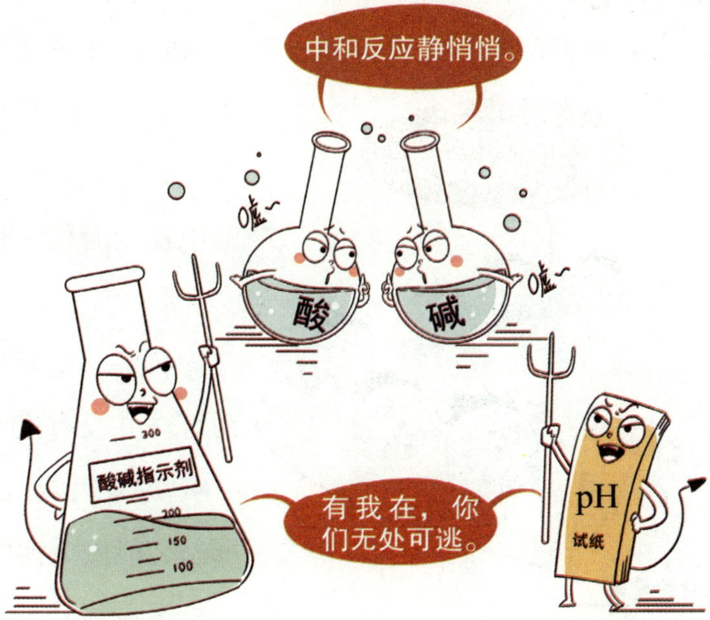

5. 电池里的秘密

豆豆的遥控小汽车没电了。他取下小汽车里的旧电池，又找出一盒新电池准备换上。这时，他留意到新电池的包装盒上写着“碱性电池”四个字。

第二天上科学兴趣课时，豆豆拿着电池包装盒问科学老师：“老师，电池也分酸性和碱性吗？”

老师说：“碱性电池之所以是‘碱性’，是因为它是用氢氧化钾做的电解液，而氢氧化钾是一种碱性物质。”

豆豆继续问：“那就是说，氢氧化钾可以导电喽？”

“这个问题有意思，”老师说，“这样吧，我们来做个小实验。”

老师把同学们带到实验室，然后拿出一个烧杯，在里面装了一些氢氧化钾粉末，又拿出两根石墨电极插进去，两根电极通过导线连接着一颗小灯珠。老师说：“如果氢氧化钾可以导电，那么我们接通电极的时候，灯珠就应该发亮。”

说完，老师接通电极，然而灯珠并没有发亮。豆豆说：“哦，原来氢氧化钾不导电呀，那怎么能做电池呢？”

老师说：“我们用氢氧化

钾溶液再试试。”他拿出准备好的氢氧化钾溶液替换掉氢氧化钾粉末，然后接通电极。

“亮了！亮了！”同学们惊奇地说，“明明是一样的物质，为什么固体不导电，溶液就可以导电呢？”

老师笑着说：“这就要从酸碱溶液的离子说起了。”

知识点

酸和碱的导电性

电流形成的原因是带电粒子有规律地朝着一个方向移动，能导电的物质中必须有能自由移动的带电粒子，如金属。酸性或碱性物质中存在着带电粒子，但在固体状态下，这些带电粒子不能自由移动，所以也不能导电；但当它们溶于水之后，就会被离解成能自由移动的带电粒子，也就是离子。

酸性溶液中有大量的氢离子，而碱性溶液中则有大量的氢氧根离子，这些离子可以自由移动，酸碱溶液就具有导电性了，这些酸性或碱性物质叫作**电解质**。而这个离解的过程，就叫作**电离**。但电离不同于电解，电离过程不需要通电。

除了酸和碱外，另一类化合物——盐，也具有同样

的特性。例如，我们生活中常见的食盐（氯化钠），在固体状态下不导电，一旦溶于水，会被电离形成自由移动的钠离子和氯离子。因此，盐溶于水后，也具有了导电性。

延伸思考

酸性电池与碱性电池

我们在生活中常听说“碱性电池”，那有没有“酸性电池”呢？答案是有。

我们把用碱性溶液作为电解液的电池叫作碱性电池，相应地，把用酸性溶液作为电解液的电池就叫作酸性电池。相比酸性电池，碱性电池的优势就在于它更环保，保质期也更长。现在的碱性电池中已经不含汞类重金属离子，对环境的危害也更小。

Part 2

第二部分

大显身手的酸

6. 有酸味的“酸”

吃午饭时，妈妈端上一盘色泽亮丽的凉拌皮蛋。这是小马的最爱，可是妈妈总说小孩不能多吃。他顾不上那么多，赶紧用筷子夹起一块塞到嘴里，可嚼了几下后，小马就皱起了眉头。他对妈妈说：“今天的皮蛋怎么有点涩涩的味道？没有以前做的好吃了。”

妈妈一拍脑门儿，随后赶紧从厨房拿出了一瓶醋，在皮蛋上倒了一点儿，一边搅拌一边说：“今天忙得忘了加醋，待会儿你再试试。”

等妈妈拌好以后，小马又夹起一块皮蛋尝了尝，那种苦涩的味道果然淡了很多。他说：“这下好多了。妈妈，是醋的酸味掩盖住了皮蛋的涩味吗？”

妈妈想了一下，说：“其实，这是一种中和反应。皮蛋是靠生石灰、草木灰之类物质的强碱作用制成的，所以皮蛋是碱性食物，会有一点苦涩的味道。而醋的主要成分是醋酸，酸和碱在一起会发生中和反应，这样皮蛋的碱性就没那么重了，涩涩的味道也就变淡了。”

小马一边吃一边说：“原来醋的酸味是来自它的酸性成分啊。”

妈妈说：“对啊，酸味是所有酸性物质共同的味道，但是我猜醋的味道是最棒的。”

知识点

醋酸的作用

醋是我们日常生活中不可缺少的一味调料。它可以使食物变得酸爽可口，能增强我们的食欲，适当地食用对我们的身体也很有好处。而醋之所以是酸酸的，原因就在于它的主要成分——醋酸。

醋酸又叫乙酸，化学式为 CH_3COOH，是一种有机酸。纯净的醋酸是一种无色液体，对金属有强烈的腐蚀性。醋酸在自然界中广泛存在，动植物的体内都含有醋酸，许多微生物可以通过发酵把不同的有机物转化为醋酸。

在工业生产中，醋酸是非常重要的化工原料。许多产品中都有醋酸的身影，如一种名为醋酸布的服装面料，就是以醋酸和纤维素为原料制得的，这种人造纤维触感柔滑、色彩鲜艳，非常受欢迎。另外，电影胶片、黏合剂、油漆中也有醋酸的成分。

醋酸还具有优异的抗菌性能，可以用来预防病毒感染和杀死细菌。在较低浓度下，醋酸也能有效抑制病原体的生长。

延伸思考

醋的妙用

醋酸的特性决定了醋不仅仅是调味品，还有很多我们意想不到的功效。

炒菜时加少许醋，可以在一定程度上减少菜叶里因高温而造成的维生素流失；烧水壶里的水垢太多，可以用温热的醋浸泡后再清洗；洗头发的时候加入适量的醋，可以让头发更顺滑，特别是烫染之后，因为烫发剂和染发剂通常都是强碱性物质。

但需要注意的是，如果正在服用某些药物，就要少吃醋。例如，在服用碳酸氢钠、氧化镁等碱性药物时，吃醋就可能中和掉药物的碱性；在使用庆大霉素、红霉素等抗生素类药物时，最好也不要吃醋，因为这些抗生素在酸性环境中作用会降低，影响药效；如果家人有胃溃疡或者胃酸分泌过多的疾

病或症状，也尽量不要吃醋，因为醋酸能使肠胃分泌大量消化液，从而加大胃酸的消化作用，导致胃酸增多、溃疡加重。

7. 不一般的干燥剂

科学兴趣课上，老师在给大家演示用石灰水和稀盐酸制取二氧化碳的实验。多多留意到，老师收集的气体被一根长长的管子导入到一个装着像油一样的液体的容器中，容器里还有一根短短的管子，连接着另一个集气瓶。

多多问道："老师，这个装着黏液的容器是用来干吗的呀？前面不是已经生成了二氧化碳了吗？"

老师回答道："有溶液参加的制取气体的过程，生成的气体里含有水蒸气，所以我们在收集气体之前，要让气体干燥一下，赶走里面的水蒸气，这样气体才更纯净。"

"那容器里的黏液就是干燥剂吗？"多多又问。她觉得很奇怪，平时在家里看到的干燥剂都是用小袋装的固体颗粒，这个干燥剂怎么是黏液呢？

老师指着容器里的黏液对多多说："这个呀，是浓硫酸，它具有非常强的吸水性，能够吸附空气中游离的水蒸气。所以在做实验的时候，我们常用它来干燥气体。如果你把浓硫酸敞着瓶口放置一段时间就会发现，容器里的溶液会变多，其实就是因为浓硫酸吸附了空气中的水分，相应地，浓度也会降低。"

多多说："这个干燥剂还挺特别。"

老师补充道："但要注意，浓硫酸不能干燥碱性气体，如氨气；也不能干燥还原性气体，如硫化氢。"

知识点

浓硫酸的脱水性

浓硫酸是指浓度在 70% 以上的硫酸溶液，化学式为 H_2SO_4，它是一种具有高度腐蚀性的强酸，无色，但具有强烈的刺激性气味。

浓硫酸除了具有吸水性之外，还具有脱水性。这两个特性听起来很相似，但性质完全不一样。

吸水性是一种物理变化，不会改变物质的化学成分。例如，刚才老师提到的浓硫酸敞口放置溶液会变多，人们利用这一点，在工业生产中把浓硫酸作为氯气和氯化氢气体的干燥剂。

脱水性则是把物质的组成分子中的氧原子和氢原子以水的形式吸收掉，是一种化学变化。例如，把蔗糖、纸屑等有机物放进浓硫酸，这些物质被脱水变成黑色的碳，也就是我们常说的碳化。如果浓硫酸接触到皮肤，会发生脱水反应并释放出大量的热，造成皮肤的化学烧伤和火焰性灼伤。这也是浓硫酸对人体皮肤有强烈腐蚀性的原因之一。

延伸思考

浓硫酸和稀硫酸的区别

浓硫酸和稀硫酸虽然从化学成分上看是同一种物质，但由于浓度不同，它们的性质有非常大的差别。

从外观上看，浓硫酸黏性更大，有点像植物油或者蜂蜜的质感，稀硫酸看上去和水差不多，流动性要比浓硫酸强。

从二者的性质来看，浓硫酸具备的脱水性、吸水性和强氧化性，稀硫酸通通没有。

如果要鉴别二者，除了观察外观之外，还有一个简单的方法，就是用一张白纸来接触两种溶液，能让白纸变黑的就是浓硫酸，反之就是稀硫酸。

8. 胃肠道里的消化专家

东东这段时间吃什么东西都没胃口，还容易拉肚子，眼看着人都消瘦了。于是爸爸妈妈赶紧带着他去医院做检查。拿到检查结果后，医生告诉东东的爸爸妈妈，东东这种情况是由于胃酸分泌不足导致的消化不良。说完，他开了一些药，让东东按时服用。

东东不解地问医生："胃酸对我们来说很重要吗？"

医生解释说："胃酸是我们胃部产生的一种分泌液，对人体来说非

常重要。它可以把随食物进入胃里的细菌杀死，还可以帮助我们消化、分解食物，激活其他胃蛋白酶。所以当胃酸分泌不足的时候，我们的消化就会出现问题，不能很好地吸收食物中的营养。”

“原来如此。”东东又接着问，“那胃酸是不是越多就越好呢？”

医生摇摇头说：“并不是哦。如果胃酸分泌过多，它的酸性会对胃黏膜造成很大的刺激，严重时甚至会腐蚀胃黏膜，人们就会感到胃痛，还有可能引发更多的胃部疾病。我们要把胃酸的量控制在一定范围内，不多不少才适合。”

东东说：“原来胃酸真的是一种酸性物质啊。”

医生笑着说：“其实啊，胃酸本质上就是你经常听到的一种酸——盐酸。”

知识点

盐酸的功能

胃酸的主要成分是**盐酸**，虽然盐酸的浓度非常低，但是能够促进食物消化、杀死进入胃里的细菌。

盐酸是我们非常熟悉的一种酸性物质。它是**氯化氢**（HCl）的水溶液，是一种无色透明、有强烈的刺激性气味、具有高腐蚀性的液体。

浓盐酸具有极强的挥发性，盛有浓盐酸的容器被打开后，会有氯化氢气体挥发出来，这种气体有强烈刺激性气味。它与空气中的水蒸气结合会产生盐酸小液滴，在瓶口上方形成酸雾。

盐酸的用途非常广泛。日常生活中，我们使用的洁厕灵的主要成分就是盐酸，不仅可以用来清除厕所的污垢，还有一定的杀菌效果；盐酸可以制成除锈剂，因为强酸与金属化合物发生反应会生成可溶性盐类，这样就达到除锈的目的。如果你留意药店出售的药品，还会发现很多常见的药物名里也带着“盐酸”二字，如盐酸左氧氟沙星、盐酸左西替利嗪等。这是因为加入了盐酸后，药物在消化道中更稳定，同时可以减少药物对肠胃的刺激。

延伸思考

传说中的三大强酸

强酸的概念是由国外化学家提出的，是指那些能在水溶液中完全电离的酸。在多种强酸中，盐酸、硫酸和硝酸被认为是三大强酸。

前面我们介绍了硫酸和盐酸，这里介绍一些关于硝酸的知识。

硝酸的化学式是 HNO_3。它是一种无色透明、有强烈刺激性气味的溶液。硝酸的化学性质非常不稳定，只要接触光便会分解，所以我们要用棕色的玻璃瓶和玻璃塞子来储存它。

硝酸还是非常重要的化工原料，主要用于制造各种肥料。和盐酸、硫酸一样，硝酸也具有高度的腐蚀性和强烈的刺激性，在接触和使用硝酸的过程中一定要非常小心！

9. 碳酸饮料是怎么制成的

“太热了！太热了！”小齐和同学踢完球，带着满头大汗冲进家里。他打开冰箱，拿出一罐可乐，捏住罐口的拉环，用力一扯，只听“刺啦”一声，好像有一股气体从里面冒了出来。

小齐赶紧把可乐倒进杯子里，只见杯中出现了大量的气泡。因为他

倒得太快，气泡已经溢出了杯口。小齐被吓了一跳，还好气泡很快就消失了，他可以安然地享用这杯可乐了。

小齐大口大口地喝着冰凉的可乐，那种炎热、憋闷的感觉瞬间消失了。放下杯子时，他打了个大大的嗝，觉得十分惬意。

就在这时候，妈妈回家了，一看见可乐罐，就不高兴地对小齐说："别喝太多可乐，对身体不好！"小齐觉得有些疑惑，可乐这么好喝，妈妈为什么总不肯让自己喝个痛快呢？

知识点

不稳定的碳酸

可乐是一种碳酸饮料。在生产可乐的时候，工人会用高压装置往水里灌注二氧化碳，这时候，有一部分二氧化碳气体会溶解在水里，和水发生反应，生成**碳酸**。

碳酸的酸性很低，而且它很不稳定，稍微一受热就会发生分解反应，重新变成二氧化碳和水。如果拿起可乐罐摇一摇，碳酸也会分解，逸出二氧化碳，再加上罐子里本来还有一部分被压缩的二氧化碳气体，所以开罐的时候会听见“刺啦”的声音，那正是二氧化碳气体从罐中“逃跑”造成的。

倒可乐时也是同样的道理。如果用力过猛，碳酸就会在震荡的作用下快速分解，放出二氧化碳，形成过多的气泡。喝完可乐后，随着碳酸在体内分解，二氧化碳气体还会从嘴里“冲”出来，也就是我们说的“打嗝”。

因此，喝可乐之前，千万不要用力摇晃瓶子或易拉罐，否则碳酸会分解得更快，导致瓶子里的气压过大，使得里面的液体在开瓶或开罐时喷射出来，造成浪费。

延伸思考

碳酸饮料的危害

虽然碳酸饮料能够带来一种爽快的口感，也受到了很多人的欢迎，可是它里面几乎不含任何营养成分，对身体并没有什么好处。

除此之外，为了提升风味，很多厂家还会在里面添加柠檬酸、磷酸等多种酸性物质，会对我们的牙齿和骨骼造成不良影响。

因为我们的牙齿和骨骼里有一种叫作“磷酸钙”的成分，会和碳酸饮料里的酸性物质发生化学反应，从而被慢慢分解。这种反应进行的速度非常慢，所以偶尔喝碳酸饮料危害不甚明显，但如果长期喝，牙齿骨骼就会变得越来越脆弱，牙齿上会出现难看的“小洞洞”，还会影响骨质，造成骨质疏松。到时候，我们吃过冷、过热、过酸、过甜的东西后，就会觉得牙疼难忍；参加剧烈的体育活动时，还有可能发生骨折。

所以，就算碳酸饮料再好喝，我们也要少喝，而且每次不能喝太多，喝完别忘了漱口。另外，还可以让爸爸妈妈帮我们准备含氟的牙膏，我们用含氟的牙膏刷牙，让氟和牙齿表面的矿物质发生化学反应，形成更难溶解的物质，牙齿就会变得更加坚固啦！

Part 3

第三部分

那些离不开的碱

10. 面团的“膨胀魔法”

丽丽刚放学回到家，奶奶就赶紧招呼她说：“快来尝尝奶奶做的包子。”

奶奶包的包子是丽丽最爱吃的，她洗了手，迫不及待地拿起一个包子咬上一口。咦？今天的包子怎么感觉不对劲，丽丽又咬了一口，然后苦着脸说：“奶奶，今天的包子没有以前的好吃，包子皮一点儿都不软和，也不膨松，还有股酸酸的味道。”

妈妈这时也走了过来，提醒奶奶说：“今天您和面的时候是不是忘了加小苏打？”

奶奶听后，一拍大腿说：“可不是嘛，年纪大了真是忘性大，怎么把小苏打都忘了！”

丽丽问：“妈妈，这个小苏打有什么用？”

妈妈说：“小苏打是一种碱性膨松剂，我们和面的时候加一点，可以让面团加速发酵，面团也会变得更柔软。这样做出来的面点不仅没有酸味，也更香软可口。”

第二天，奶奶又包了包子。丽丽吃之前问奶奶：“今天您加小苏打了吗？”奶奶说：“加了，加了，你快试试。”

丽丽一口咬下去，包子皮果然又香又软又膨松。她一口气吃了好几个，还边吃边对奶奶说："奶奶，以后做面食我一定提醒您加小苏打。"

知识点

小苏打的性质

小苏打的学名叫作**碳酸氢钠**（$NaHCO_3$），是一种易溶于水的白色粉末，可以在潮湿空气中或者热空气中分解，产生二氧化碳、碳酸钠及水等物质。

虽然名字里有"酸"，但是小苏打的水溶液（碳酸氢钠溶液）却呈现弱碱性，制作面点的时候可用作膨松剂。这是因为小苏打加入到面团里后，会产生大量的二氧化碳，既可以加速面团的发酵，还能使面团更柔软，口感更好。同时，加了小苏打的面点还因为其具有弱碱性，能中和部分胃酸，适合胃酸过多的人群食用。

此外，小苏打溶于水后会有轻微的腐蚀性，比清水更容易去除污垢。对于家里轻微的脏污，使用小苏打可以提升清洁效果。

在工业上，小苏打被用于生产泡沫灭火器、橡胶、海绵等多种物品，也是很多药品的原料，对治疗胃酸过多和代谢性酸中毒，预防尿酸性肾结石都有非常好的效果。

延伸思考

破解一些关于小苏打的谣言

小苏打不仅随手可得，而且便宜好用，所以网络上流传着非常多关于小苏打的“偏方”。

在这些生活小“偏方”里，小苏打既可以让很多食物更美味，又可以清洁家里的各种角落，甚至还能美肤美发。小苏打真的这么神奇吗？

真相是——有些“偏方”不可信哦！

例如，网络上流传很广的用小苏打来清除铁锈就不可信。铁锈的主要成分是氧化铁，是不能和碱发生反应的。

同样地，用小苏打来清除水垢也是错误的说法。水垢的主要成分是碳酸钙、硫酸钙和氯化钙等物质，它们都不会和碱发生反应，用醋来清除反而比较合适。

还有的传闻说可以用小苏打来清洁皮肤、去除黑头，这也是一种不科学的说法。我们的皮肤呈弱酸性，用小苏打这样的碱性物质不但不能清洁皮肤，还会破坏皮肤本身的弱酸状态，导致皮肤出现缺水、过敏等现象。

11. 石灰水为什么变浑浊了

今天，轮到菲菲和浩浩整理实验室的物品，一个没有贴标签的透明密封集气瓶引起了他们的注意。这里面装的是什么气体？拿不定主意的两人赶紧去报告科学老师。

老师听完他们的描述，笑着对他俩说：“那你们来想一想，该如何确定这个瓶子里气体的成分呢？”

菲菲思考了一会儿说：“这个瓶子是透明的，里面的气体也是无色透明的，可以先排除掉那些有色气体。”

浩浩说：“可以做燃烧实验，看看里面的气体是否可以帮助燃烧。”

老师点了点头，对他俩的回答很满意，于是接着说：“我们还可以设计一个小实验，来确定这里面是不是某种确定的气体。”

老师带着他们回到了实验室，在一个试管里加入了一种澄清的液体，说道：“试管里是石灰水，一会儿我把集气瓶里的气体导入到试管中，你们注意观察会发生什么变化。”

菲菲和浩浩睁大眼睛仔细看着，发现老师导入气体后，澄清的石灰水突然变得浑浊。他俩正要报告，这时老师说：“别急，你们接着看。”

两人继续观察，又过了一会儿，浑浊的石灰水重新变清了，里面的白色沉淀物也消失不见了。不等菲菲和浩浩反应，老师说：“好了，我知道集气瓶里气体的成分了。”

小朋友，你知道答案了吗？

知识点

石灰水与二氧化碳的反应

透明密封集气瓶中的气体是**二氧化碳**。

将二氧化碳通入澄清的石灰水后，石灰水会变得浑浊，这是因为石灰水与二氧化碳发生反应，生成了白色不溶于水的碳酸钙沉淀。继续通入二氧化碳，浑浊的石灰水又会变澄清，这是因为二氧化碳会与碳酸钙和水继续发生反应，生成了可溶于水的碳酸氢钙，所以石灰水变浑浊后又变澄清了。

那么石灰水到底是什么呢？它其实是**氢氧化钙**〔$Ca(OH)_2$〕的水溶液。

氢氧化钙是一种白色粉末状的强碱，具有杀菌与防腐能力。氢氧化钙加水后，会分为上下两层，上层水溶液就是我们实验中用的澄清石灰水，下层的悬浊液被我们称作石灰乳或石灰浆。

氢氧化钙与二氧化碳的反应在建筑行业中经常被用到。水泥的主要成分和水混合后就会生成氢氧化钙，当我们用水泥筑墙的时候，水泥中的氢氧化钙就会和空气中的二氧化碳发生反应，生成碳酸钙，使得墙体更坚固。

延伸思考

石灰水的妙用

石灰水在工业生产中常被用作橡胶、石油的化工添加剂。它还可以和硫酸铜溶液按照一定的比例制成著名的农药“波尔多液”，具有非常好的杀菌效果。不过在我们日常生活中，最常见的就是大树身上的“白衣服”。快到冬天的时候，我们经常能看到路边大树的树干被涂上一层白色的“颜料”，这种“颜料”其实就是石灰水。

这么做的好处有很多：首先，石灰水可以杀死一些寄生在树干上的越冬的害虫。其次，到了冬季，昼夜温差变大，深色的树干容易吸收热量，导致白天温度比较高，而晚上温度又变得很低，这样一冷一热树干容易被冻裂。涂了白色的石灰水后，能够反射掉 40% ~ 70% 的阳光，防止树干因为温差过大导致的伤害。

12. 碱性饮料是碱性的吗

小佳去超市买东西，一张贴在超市门口的海报吸引了她的注意，上面有几个醒目的大字："碱性水，更健康！"小佳仔细阅读了海报上面的内容，原来这张海报是在宣传超市新上架的一款矿泉水。它宣称这款饮料呈弱碱性，不仅能调节人体的酸碱平衡，还能治疗胃病和痛风。

回到家后，小佳告诉爸爸她在超市的见闻，并问爸爸："碱性水真的这么神奇吗？"

爸爸笑着说："真要从饮料的酸碱性来说，碱性水其实并不稀奇。我们平时喝的苏打水就是碱性的，主要成分是碳酸氢钠。天然矿泉水里面含有各种矿物质，也是碱性的，只不过碱性都非常弱。准确地说，要叫它们弱碱性水。"

小佳继续问："那么碱性水真的能调节人体的酸碱平衡，还能治疗很多疾病吗？"

爸爸说："哪有广告里说得那么夸张。首先，人体的酸碱平衡是一个非常精细的调节机制，不是说喝点碱性水就能调节的。至于治病更是无稽之谈了，碱性水肯定不能取代药物。如果我们真的患病了，还是要按照医生的嘱咐按时吃药。每天喝足够量的水肯定对健康有好处，但不要迷信饮料，最好还是喝白开水。”

知识点

强碱与弱碱

上面的故事里，小佳的爸爸提到了**弱碱**。那什么是弱碱呢？从化学的角度来定义强碱和弱碱的话，弱碱是指那些溶于水后不能发生完全电离的碱。弱碱一般由不活泼金属形成，pH 值大于 7，但接近于 7，受热时容易分解。除了氨水，氢氧化铝、氢氧化铜、氢氧化铁等都是我们常见的弱碱。

相对于弱碱，**强碱**就是那些溶于水后能发生完全电离的碱，活泼金属对应的碱通常都是强碱，如氢氧化钾、氢氧化钠等，元素周期表上第一主族的氢氧化物都是强碱。它们的溶液在标准情况下 pH 值大于 12，不仅易溶于水，受热时也不容易分解。

强碱通常都具有腐蚀性，因为较浓的强碱溶液对蛋白质有溶解作用。如果是强碱造成的烧伤，伤口很难愈合，而且强碱溶液很容易渗入深层组织对人体造成二次伤害。我们在日常生活中，一定要对强碱物质多加小心。

延伸思考

传说中的四大强碱

前面我们了解了三大强酸，强碱中也有人们公认的四大强碱，它们分别是氢氧化钠、氢氧化钾、氢氧化钙、氢氧化钡。其中，氢氧化钠（烧碱）和氢氧化钙（它的水溶液是石灰水）我们已经了解过，下面来了解一下氢氧化钾和氢氧化钡。

氢氧化钾的化学式是 KOH。从外观上看，它是一种白色结晶状粉末。它非常容易吸收空气中的水分，常被用作干燥剂和吸收剂。同时，它也是一种重要的化工原料，用于生产肥皂和洗发膏等清洁用品，生产碱性蓄电池也离不开它。

氢氧化钡的化学式是 $Ba(OH)_2$。它是一种无色透明结晶或白色粉末，主要用于制特种肥皂和杀虫剂，以及锅炉除垢、玻璃润滑等。

如果要给四大强碱的碱性排序，从强到弱依次是氢氧化钾、氢氧化钙、氢氧化钠、氢氧化钡。

Part 4

第四部分

“疯狂”的酸和碱

13. 地球妈妈流泪了

暑假假期里，爸爸妈妈带着小兰来到山里的一处古庙游玩。去之前就听说那里有很多古代的雕塑和石碑，小兰迫不及待地想亲眼看看这些遗迹。

到了古庙，小兰发现一些露天的雕像有些“面目全非”，并且有很多修补过的痕迹。还有一块历史久远的大理石碑，上面的字迹一片模糊。看到这些小兰有点失望，当地的一位老爷爷向她解释说：“我小的时候，大约 50 年前吧，这块石碑上的字迹都还非常清晰，可惜现在看不清了，听文物专家说是酸雨的缘故。”

“酸雨？”小兰还是第一次听说这个名词，她问爸爸：“雨也有酸性的和碱性的吗？”

爸爸说：“有的雨确实是酸性的，按照老爷爷的说法，我们看到的那些字迹模糊的雕像和石碑，都是被酸雨腐蚀造成的。以前我也只是听说过，没想到会这么严重。”

老爷爷说：“这还不算啥，以前酸雨严重的时候，这附近山上的树木都大片大片地不长叶子，山下湖里的鱼虾都死光了。不过现在大家都重视这个问题了，这些年情况好了很多，你看这山上的树又重新绿了起来。”

小兰感叹道：“原来酸雨的危害这么大，那天上为什么会下酸雨呢？”

知识点

酸雨的形成

酸雨又被称作“空中死神”，它的存在形式不仅仅是雨，还包括雾、雪、冰雹等，**只要 pH 值低于 5.6 的大气降水都是酸雨**。

当烧煤的烟囱排放出的**二氧化硫**气体，或汽车排放出的尾气**氮氧化物**升到空中，与大气中的水蒸气相遇，就会形成硫酸或硝酸水滴，使雨水酸化，落到地面就成了酸雨。

近几十年来，由于人类的生产生活排放的酸性气体日渐增多，酸雨也越来越频繁，且酸性越来越强，已经成为全世界都需要面临的环境问题之一。

酸雨会对人体健康造成直接危害，尤其是酸性的雾，可以侵入肺的组织，引起肺气肿等疾病。

酸雨对环境的影响不可估量。大量的酸雨会使河流、湖泊里的水酸化，严重影响了动植物的生长。它还会破坏土壤的成分，导致土壤酸化，从而影响植物生长，而且对森林也会造成严重破坏。酸雨还会腐蚀金属、油漆、皮革、纺织品和含碳酸钙的建筑材料，给古建筑和一些露天的文物古迹的保护带来不少麻烦。

延伸思考

酸雨的防治

要减少酸雨的产生，主要是减少二氧化硫和氮氧化物的排放量。为此，人们也采取了很多办法。

对于排放酸性气体的工厂，必须采用烟气脱硫装置，同时提高煤炭燃烧的利用率。在此基础上，大力发展风能、光伏等绿色能源，减少人们对煤电的使用。

对于普通民众，提倡绿色出行，多多乘坐公共交通工具，这样就可以减少汽车尾气的排放；购买包装简单的商品，减少因为豪华包装而可能消耗的电能；多多支持废旧物品的回收再利用；节约用电等。这些看似简单的小事，其实都在为减少酸性气体的排放作出贡献，让我们争取早日摆脱“空中死神”带给环境的伤痛。

14. 危险的强力洗涤剂

周末，帅帅一家人做大扫除。奶奶在卫生间里忙活，一边刷着马桶一边说：“这下水道怎么又有一点堵了呀？帅帅，去帮奶奶拿一下管道通。”

帅帅应声取来了管道通，正要按照奶奶的指示往马桶里倒。原本在拖地的爸爸突然跑来，大喊一声：“帅帅，住手！”

奶奶和帅帅被吓了一跳。爸爸转过身来问奶奶：“您刚才是不是用了洁厕灵清洁马桶？”

奶奶说：“对啊，不用洁厕灵，马桶怎么刷得干净？”

爸爸一脸后怕地说：“幸好我刚才听到你们要用管道通，才赶紧过来阻止帅帅。这洁厕灵和管道通要是一起用的话，会发生化学反应，产生大量的热量和气体，可能会烫伤皮肤。”

奶奶听后吓坏了，赶紧让帅帅把管道通放回去。爸爸又嘱咐奶奶，洁厕灵也不要和消毒液一起使用，会产生有毒的气体。

帅帅在一旁听着也有点紧张了，他问爸爸：“这些清洁剂、消毒剂都这么危险吗？”

爸爸说：“这些东西大部分都是酸性或碱性的，在使用的时候，要格外小心。”

知识点

酸和碱的危害

洁厕灵的主要成分是稀释的盐酸，而管道通的主要成分是氢氧化物和铝粉。这两种东西一起用的话会发生中和反应，产生大量的热量和气体，容易造成皮肤烫伤。

消毒液的主要成分是**次氯酸钠**，也会和盐酸发生反应，生成具有刺激性气味的有毒气体——氯气。氯气会通过呼吸道侵入人体，并溶解在黏膜所含的水分里，生成次氯酸和盐酸，对上呼吸道黏膜造成损伤。氯气中毒的症状是发生剧烈的咳嗽，严重时会危及生命。

在日常生活中，我们大部分的清洁、消毒产品都是以酸性或者碱性物质为主要成分的。在使用这些产品的时候，我们一定要注意正确流程和规范，确保自身安全。

强酸和强碱都具有强烈的刺激性，会腐蚀皮肤和黏膜。一旦强酸、强碱接触到水，就会释放出热量，进而产生蒸汽，而这些蒸汽会灼伤我们的皮肤。所以在接触这些物品之前，一定要做好防护，如穿戴防尘口罩、防酸碱手套、胶靴、风帽、护目镜等，尽量不要让皮肤暴露在外边，也不要直接呼吸空气。

延伸思考

皮肤被强酸或强碱灼伤后正确的处理流程

如果不小心被强酸或强碱灼伤，应该及时去医院就医。在去医院前有哪些步骤可以减轻灼伤带来的伤害呢？

被强酸灼伤皮肤后，先立刻将接触到强酸的衣物处理掉，然后将皮肤在流动的清水中反复冲洗，冲洗时间约为 30 ～ 40 分钟。冲洗后，用干净的单层纱布擦干伤口尽快就医。

被强碱灼伤皮肤后，应该及时使用大量流动的清水冲洗伤口至少 20 分钟。如是被强碱性化学品烧伤，也可以使用食醋冲洗，能起到中和皮肤上残留的碱液的效果。

如是被生石灰烧伤，应该先用衣物或者毛巾把皮肤上的生石灰颗粒擦拭干净，再使用大量流动的清水冲洗。

15. 小小蚂蚁惹的祸

星期天，小宇和家人一起去郊外游玩。小宇非常调皮，不顾爸爸妈妈的劝阻，非要到草丛里去捉蝴蝶。

小宇不知道的是，草丛里生活着许多蚂蚁。有一只大黑蚂蚁悄悄爬上他的脚踝，对着他裸露在外的皮肤狠狠地咬了一口……

“哎呀，好痛！”小宇大叫着从草丛里跳了出来。妈妈连忙帮他拍去脚上的蚂蚁，然后仔细检查他的脚踝，发现上面已经鼓起了一个小包，周围的皮肤也变得红红的。小宇委屈地告诉妈妈：“被咬过的地方又疼又痒，好难受啊！”

妈妈非常担心，连忙带小宇回家了。回家后妈妈先用清水把小宇脚踝上的伤口冲干净，再在伤口周围涂抹了一些肥皂水。说来奇怪，小宇居然觉得痛痒的感觉减轻了不少。

“肥皂水怎么会这么神奇？”小宇百思不得其解，你能为他解答这个问题吗？

知识点

蚁酸的危害

被蚂蚁咬伤以后为什么会又痒又痛，还会起红疙瘩呢？这是因为蚂蚁会分泌一种叫作“蚁酸”的化学物质。

蚁酸是一种无色的液体,有难闻的酸臭气,酸性很强,还有一定的腐蚀性。当蚂蚁咬人的时候，蚁酸和皮肤接触，会腐蚀皮肤，所以皮肤马上就会变得红肿，还会形成水泡，被咬的人也会觉得痛痒难忍。有的人是过敏体质，接触蚁酸后反应会更加剧烈，可能还会呕吐、拉肚子，严重的会感觉呼吸困难，非常危险。

别看“蚁酸”带有“蚁”字，但它其实不是蚂蚁的专利。自然界中的许多昆虫，像蚊子、蜜蜂等都能分泌蚁酸，会给我们造成危害。所以，去野外玩耍的时候别忘了在皮肤上涂一些驱蚊液、花露水，平时在家可以使用电蚊香、电蚊拍来驱赶或消失蚊虫。

延伸思考

解缓解蚁酸危害的办法

被蚂蚁、蚊子、蜂类蛰咬后，可以先把被咬的皮肤清理干净，再涂抹一些肥皂水、氨水或小苏打等。

肥皂里含有一种强碱弱酸盐，溶解在水中后，得到的肥皂水是一种碱性溶液，它的碱性很弱，不会对人体造成额外的伤害。

当我们把肥皂水涂在伤口上后，碱性溶液会和蚁酸发生一场“化学战役”，也就是发生酸碱的“中和反应”。在这个反应中，酸和碱会互相交换成分，变成对人体无害的盐类和水。这样一来，蚁酸引起的痛痒感就会减轻了。

当然，这个办法只适合症状比较轻微的情况，要是对蚁酸严重过敏，出现恶心、想吐的感觉，全身也开始发热，就得赶快去医院就诊，千万不能拖延哦！

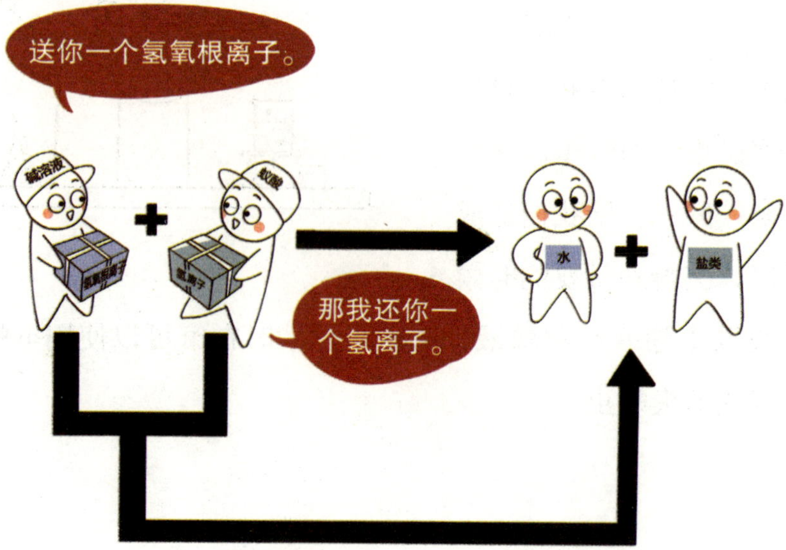